动物常见病特征与防控知识集要系列丛书

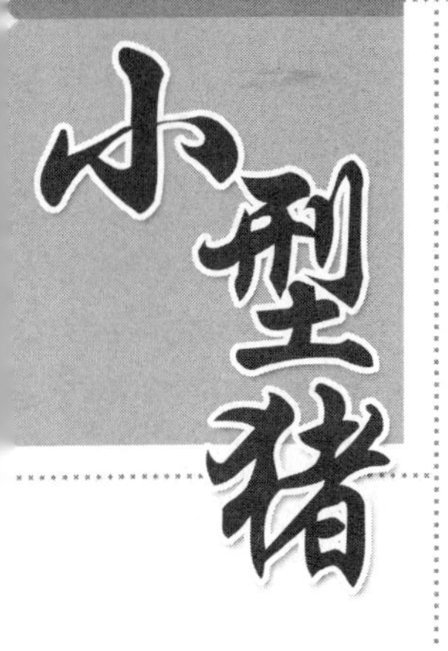


# 健康养殖与疾病防控知识集要

◎ 史利军 主编

中国农业科学技术出版社

图书在版编目（CIP）数据

小型猪健康养殖与疾病防控知识集要 / 史利军主编 . —北京：中国农业科学技术出版社，2016. 7
（动物常见病特征与防控知识集要系列丛书）
ISBN 978 - 7 - 5116 - 2665 - 3

Ⅰ. ①小… Ⅱ. ①史… Ⅲ. ①猪病 - 防治 Ⅳ. ①S858. 28

中国版本图书馆 CIP 数据核字（2016）第 162395 号

责任编辑 徐 毅 褚 怡
责任校对 贾海霞

出 版 者 中国农业科学技术出版社
北京市中关村南大街 12 号 邮编：100081
电 话 （010）82106631（编辑室） （010）82109702（发行部）
（010）82109709（读者服务部）
传 真 （010）82106631
网 址 http://www.castp.cn
经 销 者 各地新华书店
印 刷 者 北京华正印刷有限公司
开 本 880mm ×1230mm 1/32
印 张 7.5
字 数 200 千字
版 次 2016 年 7 月第 1 版 2016 年 7 月第 1 次印刷
定 价 20.00 元

动物常见病特征与防控知识集要系列丛书

# 《小型猪健康养殖与疾病防控知识集要》

## 编 委 会


编委会主任　史利军

编委会委员　史利军　袁维峰　侯绍华

胡延春　曹永国　王　净

刘　锴　秦　彤　金红岩

主　　编　史利军

副 主 编　刘　锴　王　净　孔祥峰

编写人员　(以姓氏笔画为序)

于小杰　孔祥峰　王　净　史利军

刘志军　刘　锴　张　才　张　颖

李英俊　汪　洋　余祖华　何　雷

陈冬梅　郑志明　易　力

# 序

我国家畜、家禽及伴侣动物的饲养数量与种类急剧增加，伴随而来的动物疾病防控问题越来越突出。动物疾病，尤其是传染病，不仅影响动物的健康生长，而且严重威胁到了畜主、基层一线人员自身的安全，该类疾病的发生引起了社会的广泛关注，所以，有必要对主要动物疾病有整体的了解与把握。由于环境的改变、饲料种类与质量的变化等因素造成的动物普通病，严重制约了当前农村养殖业的稳定持续协调健康发展，必须高度重视这些问题。

为使全国广大养殖户及畜主重视动物疾病的防控，掌握动物疾病防控的基本知识和最新进展，并有针对性地采取相关措施，编写了本系列丛书。本丛书可让养殖户、畜主等基层一线读者系统全面地了解动物疾病防治的基础知识以及病毒性传染病、细菌性传染病、寄生虫病、营养缺乏和代谢病、普通病、繁殖障碍病等的临床表现与症状，找出治疗方法，正确掌握动物疾病的用药基本知识，做到药到病除。

本系列书从我国目前动物疾病危害及严重流行的实际出发，针对制约我国养殖业生产水平、食品安全与公共卫生安全等关键问题，详细介绍了各种动物常见病的防治措施，包括临床表现、诊治技术、预防治疗措施及用药注意事项等。选择多发、常发的动物普通病、繁殖障碍病、细菌病、病毒病、寄生虫病进行了详细介绍。全书文字简练，图文并茂，通俗易懂，科学实用，是一本较好的基层兽医人员、养殖户自学教科书与工具书。

本系列丛书是落实农村科技工作部署，把先进、实用技术推广到农村，为新农村建设提供有力科技支撑的一项重要举措。本系列丛书凝结了一批权威专家、科技骨干和具有丰富实践经验的专业技术人员的心血和智慧，体现了科技界倾注“三农”，依靠科技推动新农村建设的信心和决心，必将为新农村建设做出新的贡献。

丛书编写委员会

2014 年 9 月

# 前 言

小型猪是在特定自然条件和长期近亲交配繁殖选育形成的特定猪种。近年来我国的小型猪养殖规模逐年增加，其应用范围也越来越大。由于小型猪在解剖学、生理学、疾病发生机理等方面与人相似，在生命科学研究领域中具有重要的实验应用价值，在人类疾病动物模型、新药安全性有效性评价、异种器官移植供体等领域均显示出独特优势。而小型猪由于其体型较小，具有易于实验操作、易于微生物控制、饲养成本低等优点，逐渐成为生命科学研究中的重要实验动物。同时小型猪肉质鲜嫩、营养美味、皮薄骨细，为烤乳猪首选原料，商品价值极高。同时小型猪种还具有宠物饲养的广阔前景。小型猪饲养规模的扩大要求饲养技术水平的提高，同时也有必要了解常见疾病的防控知识。小型猪的传染性疾病有猪瘟、猪丹毒、口蹄疫、猪肺疫、仔猪副伤寒、气喘病、水疱病、传染性胃肠炎、仔猪黄痢和白痢、红痢以及流行性感冒等，应做好免疫工作；主要的寄生虫病有蛔虫病、旋毛虫病、囊虫病等。在小型猪饲养中，疾病和高死亡率主要发生在仔猪时期，最为常见的是感冒、支气管肺炎、喘气病和仔猪痢疾。因圈舍潮湿、卫生欠佳、气温急剧变化或乳汁过浓等引起的消化不良，导致初生仔猪的红痢和白痢发生较多。如何让小型猪健康生长已成为很多养殖户关心的问题。

为使广大养殖场（户）相关人员了解小型猪的养殖技术及常见疾病的防控知识，提高生产效率，降低死亡率和淘汰率，特编写本书。本书从品种、营养、繁育、疾病防控及应用方面对小型猪进行了介绍。编写注重实际应用，结合最新文献资料，内容浅显、实用、易懂。

本书的编者来自以下单位：中国农业科学院北京畜牧兽医研究所（史利军），河北北方学院动物科技学院（王净、于小杰），内蒙古民族大学动物科技学院（刘锴、张颖），中国科学院亚热带农业生态研究所（孔祥峰），军事医学科学院实验动物中心（李英俊），河南科技大学动物科技学院（汪洋、余祖华、张才、刘志军、何雷），洛阳师范学院（易力），北京诺和诺德医药科技有限公司（陈冬梅），北京宝科维食安生物技术有限公司（郑志明）。

由于作者水平有限，时间仓促，书中难免有不足及错误之处，恳请读者批评指正。

编　者

2016 年 2 月于北京

# 目　　录

# 第一章　小型猪品种资源介绍

小型猪，通常又被称为“迷你猪”。一般认为，成年体重小于65kg的猪均被称为小型猪，成年体重介于25～40kg的小型猪又被称为微型猪。微型猪属于小型猪的一种，并不是所有的小型猪都可称为微型猪。小型猪在分类学上与普通家猪同属于哺乳纲，真兽亚纲，偶蹄目，猪形亚目，野猪科，猪属动物。

我国幅员辽阔，具有丰富的优质小型猪资源。由于我国小型猪多产于南方偏远山区，当地养殖户在养猪生产中长期基于环境和地域的关系，外来猪种很难与之杂交，由此形成了封闭的高度近交繁育的小型猪群体。因而，我国小型猪具有遗传和表型更加稳定、繁殖力强、生长慢、体型矮小、性成熟早、抗逆性强等生物学特性，并且每种小型猪均具有其独特的品系特征。研究表明，小型猪在生理结构、解剖、营养、新陈代谢以及血液生化指标等方面与人类相似，因而受到了国内外有关研究者的高度重视，对小型猪的实验动物化做出了大量的努力。

小型猪作为实验动物，对大型猪场建立SPF猪群、生产高质量生物制剂乃至开展胚胎移植等均具有重要作用。小型猪可以作为中医舌像模型，同时，又是口腔医学、糖尿病、心血管病、血友病、皮肤烧伤和肿瘤等多种疾病的天然模型。1982年和1985年先后在中国台湾和美国马里兰州举行的“猪模型应用生物医学研究”国际研讨会，系统反映了猪作为模型动物在生物医学研究中的重要地位。在动物保护运动日益兴盛的今天，小型猪代替非人灵长类和犬等动物用于医学生物学实验已成为趋势。

小型猪的器官大小、形状、功能与人类相近，其繁殖周期短、繁殖量大、饲养费用低廉，可以充分满足临床需要。因此，小型猪是一种理想的异种器官移植供体和实验动物。

虽然我国的小型猪资源丰富，但小型猪的培育工作起步较晚。20 世纪 80 年代初才开始对其进行资源调查和实验动物化研究，与欧、美等先进国家和地区相比落后了近 30 年。随着我国畜牧业水平的提高以及生物医学、兽医学、实验医学和比较医学的进一步发展，调查、培育、开发和应用我国小型猪资源作为实验动物的工作已迫在眉睫，这也是赋予我国畜牧兽医科技工作者的历史使命。目前，我国比较著名的小型猪品系主要有：广西壮族自治区（以下简称广西）的巴马小型猪、广西环江小型猪、贵州小型猪、五指山小型猪、版纳小型猪、西藏自治区（以下简称西藏）的小型猪和台湾小型猪等。

现对上述小型猪资源分别介绍如下。

## 第一节　我国小型猪品系

小型猪是我国著名的小型地方猪种之一，是国家保护畜种。因受地理条件限制，饲粮不足、自繁自养和长期高度近交繁殖，形成了体型矮小、基因纯合、纯净无污染、抗逆性强等特点。此外，小型猪的肉质细嫩、味道鲜美，是烤乳猪的上等原料。根据产地、毛色和体型外貌的不同，可将小型猪分为巴马小型猪、西藏小型猪、版纳小型猪、五指山小型猪、剑白小型猪、环江小型猪、从江小型猪和久仰小型猪等近十个类型。对我国小型猪遗传背景的研究表明，从江小型猪和环江小型猪为一组，久仰小型猪和剑白小型猪为另一组；从江小型猪和环江小型猪的血缘关系最近，久仰小型猪和剑白小型猪的血缘关系次之，遗传距离最远的是剑白小型猪和环江小型猪，这与其地理分布、生态环境以及体型外貌特征基本一致。其中，五指山小型猪是我国小型猪中体型最小、体重最轻的品系之一，并且抗逆性强；目前，其近交系数高达98.3%，培育的近交系较原始种猪群具有性情温驯、遗传背景清楚、基因高度纯合，较之国内外品系更具有体型小、遗传稳定等优势。贵州小型猪体型小、品系纯、无污染，目前其12月龄体重不超过25kg。藏猪是世界上分布在海拔最高地区的小型猪品系之一，有极强的生命力和抗病力，是我国有待开发利用的宝贵小型猪资源。版纳小型猪近交系数较高，体型矮小，生长缓慢，比报道的国外小型猪具有明显的小体型优势。广西巴马小型猪则集聚了国内其他品系小型猪的绝大部分优点并具有其独特之处。

由于我国小型猪产区特定的自然环境和农牧业生产水平较低、饲料贫乏等社会经济条件以及在民族生活习俗作用下，经长期近亲交配后历经数百年的自然选择形成了基因高度纯合、遗传稳定以及发育慢、体型小、适应性强、抗逆性强、免疫力强、耐粗饲、性成熟早和肉质好等优良特性。各品系小型猪虽然其外貌特征不一样，但体型小是一致的，且各品系间存在一定差异。一般小型猪体重仅相当于同龄大型猪的1/4～1/5。发育慢，平均日增重仅为130～140g。因其原产地均位于偏僻山区，促使小型猪父女交配、母子交配、全同胞半同胞交配，世代高度近亲交配，无外来血源导入，呈现纯合的自然繁育群，等位基因高度纯合。因其长期生活在较为封闭的环境中，群体抗病力强，急性传染病在小型猪群中很少见。小型猪耐近交，且少见遗传缺陷。小型猪均属于早熟品系，一般4月龄左右性器官发育成熟，便可以配种、妊娠。小型猪在原产地自寻野菜、野草和野果，间以糠批饲养，盲肠发达，对饲料变换的适应能力很强。另外，小型猪对气候变化和外界环境的适应能力也很强，适宜引进培育研究。小型猪的肌纤维细，比普通家猪肌纤维细25%～30%，脂肪颗粒小，均匀分布于肌纤维间使肉质细嫩，同时，具有皮薄、肉鲜、味美、乳猪肉奶腥味轻等优点。另外，小型猪还具有行动敏捷灵活、易逃跑、胆量小等特点。所以，饲养场应尽量选择较僻静地带为佳。

另有研究采用31条引物对巴马小型猪和贵州小型猪的基因组DNA进行了随机扩增多肽性DNA扩增，发现两品系小型猪品系内及品系间多态性位点的百分数分别为30.9%和25.7%，品系间及品系内的平均遗传距离分别为0.120、0.072和0.067，提示两品系小型猪品系间及品系内遗传多样性贫乏，遗传变异较小。这两种小型猪具有相当程度的种质均质性，符合封闭群动物的要求。上述研究为今后小型猪优良基因的数量性状位点定位，实施遗传标记辅助选择奠定了基础，同时，达到了有针对性地改良珍稀猪种资源的重要经济性状，以促进我国地方优质猪种的保护、开发及利用等目的。

## 一、巴马小型猪

巴马小型猪又被称为“芭蕉猪”或“冬瓜猪”，主要分布于广西壮族自治区巴马瑶族自治县的巴马镇、那桃乡、百林乡和燕洞乡以及田东县的义圩等地。巴马县的上述4个乡镇新中国成立前属于百色地区思隆县的七里区，故巴马小型猪又被称为“七里小型猪”。原产地巴马县地处云贵高原东南部，属于云贵高原和广西山地丘陵的过渡地带，石灰岩地貌广布。当地年平均气温16.0～27.0℃，1月平均气温7.5～11.5℃，7月平均气温23.0～27.0℃，夏季最高气温≥35℃日数仅为不超过0.1～12.5天。当地夏季时期为4月25日到10月13日，持续期长达172天；<10℃为冬季，仅有47天。年降水量1 100～1 750mm，年均相对湿度76%～83%；6—8月降水量占全年的51.3%，相对湿度高达80%～82%。年太阳总辐射量为393.6～456.4kJ/cm$^2$，年日照1 300～1 800小时。可见，当地气候特点是光照充足，冬

暖夏较热，夏季持续时间长，湿度大。在这种亚热带生态环境下，巴马小型猪形成了较耐热的适应性。

巴马小型猪属于家养珍稀动物，已被列为国家级保护品种，已有几百年的养殖历史。1995 年 3 月巴马县也被国家特产经济专业委员会命名为“中国小型猪之乡”。巴马小型猪极耐粗饲，适应性和抗病力强，哺乳期生长速度快。一般 8～10kg 宰杀最为理想，其胴体瘦肉率为 35% 左右，体重为 6.5kg 左右时瘦肉率最高，达到 50% 左右。巴马小型猪皮薄骨细，肉质细嫩鲜美，脂肪洁白，无奶腥膻味，多吃不腻，有独特的山野香味。烹调时不添加任何佐料也香气扑鼻，素有“一家煮肉四邻香，七里之遥闻其味”之美誉。据研究，巴马小型猪营养成分全面，其中，卵磷脂、谷氨酸等多种营养成分含量丰富，所含的蛋白质、脂肪、谷氨酸、胆固醇、钙和磷等营养成分总体优于普通家猪。以猪肉中蛋白质、谷氨酸和胆固醇含量为例，巴马小型猪依次为 17.8%、30.0% 和 75.1%，而广东家猪分别为 13.6%、10.0% 和 70.7%，北京家猪分别为 10.5%、13.0% 和 77.0%。1987 年广西农业大学王爱德教授等人，从原产地引入巴马小型猪，组成零世代基础种群，采用基础群内闭锁纯繁选育及半同胞为主的近交方式进行选育，繁育出了适合实验用的小型猪品系。巴马小型猪具有如下特点。

### （一）独特的适于实验用的毛色

巴马小型猪毛色为头、臀黑，其余部位白的“两头乌”，在小型猪中为独特毛色。实验动物化的巴马小型猪白毛部分占体表面积大，可作为烧伤的皮肤敷料或皮肤移植的首选动物模型，有利于开展化妆品和药品的毒性试验。另外，还选育出了变异的双白耳巴马小型猪，便于耳静脉采血和注射。

### （二）便于实验用的小体型

为了节省饲养成本和便于开展实验，普遍希望实验用猪小型化。巴马小型猪的体型特征为矮、小、短、圆、肥，普遍生长缓慢，而且一般生长不大，是宝贵的适于实验用的小型猪。其3月龄体重仅为5～8kg，12月龄体重小于40kg，成年体重为50～60kg，体高约48cm，体长约93cm，胸围约96cm；头小，颈短粗，嘴细长。多数猪的额平而无皱纹，有的个体眼角上缘有两条平行的浅纹，耳小而薄；背稍凹，腹部下垂，多触地；前肢直，后肢卧系，管围细。巴马小型猪具有矮小的体型，体表面积相对较大，尾长；被毛为稀疏的粗毛，无绒毛，夏季还要脱毛，这些都是有利于散热、耐热的体型外貌特征。王爱德等研究表明，巴马小型猪血清甲状腺素含量较低，基础代谢率较低，是其耐热性较强的原因之一。

（三）性成熟早，属于较多产的小型猪

巴马小型猪性成熟特早，29～30日龄公猪睾丸曲精管中便出现精子，48日龄附睾尾中已有精子。原产地的公猪，75日龄体重达到7.5kg左右即开始配种，并能产生正常后代。后备母猪发情日龄平均为121.7±5.5天，发情周期平均为18.4±0.9天，发情持续时间平均为3.3±0.5天；乳房不很显露，乳头10～14个，排列匀称。小型猪一般产仔较少，例如，哥廷根小型猪窝产仔数为4.9头，美国明尼苏达小型猪窝产仔数为6.6～8.0头。巴马小型猪的产仔数为7.7～10.2头，是较多产的小型猪，且泌乳性能好，护崽性强。

（四）遗传相对稳定

产区交通不便，外血难以进入，当地群众习惯种母猪同窝留选，即窝选；种公猪大都从子代中选留，即母子交配。虽然连续多次世代高度近交，却少见遗传性疾病和畸形，说明劣性和致死基因已被自然或人工淘汰，优秀基因得到纯合。因此，可认为该地方类群是近交程度较高、遗传较稳定的亲缘群体，在此基础上选育可望加速进度。

（五）对饲料营养要求低

在广西巴马小型猪生长期间，日粮蛋白质水平12%，能量12.7MJ/kg，含赖氨酸0.65%、钙0.65%、有效磷0.32%，即可维持其正常生长发育的需要。

（六）部分生理生化指标与人类相似

巴马小型猪24项血液生理指标中就有14个项目与人类近似，44项血液生化指标中有18个项目与人类近似。另外，其多个器官的形状、占体重的比重也与人类极相似。

## 二、五指山小型猪

五指山小型猪是我国珍稀地方猪种，也是我国目前发现的体型最小、存栏数量最少的珍贵猪种，被列为国家二类重点保护动物。1986年五指山小型猪被收录到《中国猪品种志》，2000年被农业部确定为国家级畜禽品种资源保护品种，还被收录到由国家环境保护局主持编写的《中国生物多样性国情研究》中。五指山小型猪有着悠久的饲养历史。其原中心产区位于海南省中南部的热带山区，主要分布于海南省的五指山、东方、白沙、保亭、乐东、三亚和琼中等黎苗族居住区。该地区属于热带山地气候，年平均气温25℃，年降水量1 500～2 000mm。海南山区因交通不便、自然封闭，饲养的猪均为自繁自养。过去没有外来猪种，当地农民也没有饲养公猪的习惯，长期的极度近亲交配使其基因高度纯合。其主要特征如体型、外貌、毛色等稳定地遗传下来，成为该地区特有的小型猪种，俗称“老鼠猪”。该猪种具有体型小、性成熟早、抗湿热、抗逆性强和抗病力强等特点，是人类比较医学研究的较佳模型选择，利用前景十分广泛。

20世纪60年代初，约有10万头五指山小型猪；70—80年代后，由于外来猪种的大量引入和自然环境条件的恶化，加之当地没有养公猪的习惯，使五指山小型猪的数量急剧下降，到

1996年纯种五指山小型猪只剩下500头左右，几乎濒临灭绝边缘。为了保护和利用这一特有种猪基因资源，在国家农业部、科技部、海南省科技厅和农业厅以及社会各界的大力支持和帮助下，海南省农科院畜牧兽医研究所于1998年在海南省海口市灵山镇建立了占地1公顷的国家级五指山猪品种资源场—海南五指山猪原种场，现存栏近1 000头，包括保种核心群、近交选育群与优质肉猪生产群。该场饲养的五指山小型猪基本覆盖了产地现存五指山小型猪的所有血统，遗传基础较宽，是很好的遗传资源基因库。经过10多年的努力，中国农业科学院畜牧兽医研究所将原来濒临灭绝的五指山小型猪培育成了高度近交的品系，近交系数达到0.908以上。海南五指山猪原种场通过选育、杂交和规范化饲养技术，并充分利用海南本地饲料资源，培育出了适合市场需求的健康、纯天然绿色五指山小型猪“野黄金”和“黑珍珠”两大品系。因其味道鲜美、风味独特而备受广大消费者青睐，白切五指山猪、烧烤五指山猪等已成为海南名菜。

五指山小型猪具有“两头尖”的体型特征，体质细致，结构紧凑；头小稍长，耳小直立，鼻直长，嘴尖，嘴筒微弯；躯干长短适中，颈部紧凑，背腰平直或微凹；胸窄、腹大而不下垂，臀部肌肉不发达，后躯稍高于前躯；四肢细短，蹄质坚实；全身被毛大部分为黑色或棕色，嘴粉白色，腹部和四肢内侧为白色，额部多数长有白星；鬃毛呈黑色或棕色，延伸到鬐甲后缘，长度约7～10cm，向两侧分倒，公猪特别明显。五指山小型猪的生长速度极为缓慢，6月龄母猪日增重仅为69.2g，成年母猪体重为30～35kg，很少超过40kg。因其体型小、增重慢，饲养1年体重不到20kg，被当地列为“淘汰对象”。

五指山小型猪性成熟早，母猪2～3月龄开始有发情表现，卵巢体积0.3$cm^3$，为同龄枫泾猪的1/2；3～4月龄后备母猪即可配种怀胎，妊娠期115～116天，一般年产仔1～2胎。母猪有

乳头 5～7 对，首胎产仔数 4 头，第 2～4 胎产仔数为 6～8 头。母猪在哺乳期（30 天内）约有 50% 发情，配种便能受孕。公猪性成熟早于母猪，80 日龄附睾内就有成熟精子，阴茎较长，伸出可达头部，因此有“小配大”即子配母的能力。艾琴等测定了 8 头初产五指山母猪的初乳（≤3 天）常规成分含量、泌乳行为及第 3～35 天的泌乳量，发现其初乳中的脂肪、蛋白、乳糖和总固形物的含量分别为（6.64 ±0.56）%、（15.25 ±1.27）%、（1.99 ±0.15）% 和（27.46 ±1.25）%；随产后日龄的增加，母猪泌乳次数和泌乳持续时间逐渐减少。五指山母猪泌乳量充足，能充分满足仔猪的维持和生长需要。

对生长发育、繁殖生理和血液生化指标的测定，是进行五指山小型猪实验化培育的第一步，也是研究五指山小型猪异地繁育后生物特性的重要内容。通过对 200 余头五指山小型猪体重、体尺等指标的测定，发现五指山小型猪生长极为缓慢。测定初生仔猪 29 头，其平均体重仅为（0.33 ±0.083）kg；测定 1 月龄仔猪 29 头，其平均体重为（2.94 ±0.55）kg；测定 2 月龄仔猪 21 头，其平均体重为（5.55 ±1.3）kg；测定 5 月龄小型猪 10 头，其平均体重为（9.75 ±1.73）kg；测定 6 月龄小型猪 13 头，其平均体重为（13.43 ±3.27）kg，测定成年猪平均体重为 35kg 左右，仍保持原产地较小的体型。6 月龄平均体重小于微型猪（16.02 ±2.01）kg 和西双版纳小型猪（20.79 ±1.24）kg。24 月龄以上的成年猪小于同龄西双版纳小型猪（39.66 ±3.3）kg。成年五指山小型母猪（24 月龄），体重和胸围（测定 19 头）分别为（36.65 ±9.17）kg、（77.31 ±9.17）cm，体重和体长（测定 25 头）分别为（49.48 ±5.05）cm、（45.24 ±6.46）cm。

五指山小型猪耐粗饲，多以植物秸秆和青草为饲料，消耗精料少，每头成年猪每日不超过 0.4kg。在肉食利用方面，五指山小型猪瘦肉肌纤维细、脂肪颗粒小，皮薄骨细，味道鲜美，香味甚浓，营养价值高。瘦肉率高达50%以上，是加工烤猪的上乘原料。经测定，其肌肉中的喹啉酸、丙二酸乙基戊基脂含量分别显著高于市场猪肉的8倍和20倍；含有丰富的多种氨基酸，尤其是3种人类必需氨基酸；另外，其中的亚油酸、亚麻酸和花生四烯酸的含量分别为9.68%、0.61%和0.35%，尤其是亚油酸含量较高。亚油酸是生物体内主要的必需脂肪酸，对人体新陈代谢起着重要作用。上述特性为五指山小型猪的种质开发利用和进一步深入研究提供了理论依据。1987年，中国农业科学院北京畜牧所冯书堂教授等人定点观察存养2公1母至北京扩群繁育，获得保种成功，并且开展了近交培育、胚胎移植等工作，原种猪DNA指纹图相似系数达0.699，在原近交基础上又继续进行全同胞或亲子近交繁育，目前理论群体近交系数最高超过0.965，而且遗传稳定，未发现有严重的遗传分离现象。

### 三、西藏小型猪

西藏小型猪俗称“藏雪豚”，是典型的高原放牧型地方品系，是我国国家级重点保护品种中唯一的高原性猪种。西藏小型猪产于我国青藏高原，主要分布在西藏自治区及毗邻的四川省甘孜、阿坝藏族自治州和云南省迪庆藏族自治州、甘肃省甘南藏族自治州及青海等地。我国青藏高原的农区和半农半牧区、海拔2 500～4 300m的森林和河谷地带是藏猪的主要产区，在西藏自治区主要分布于雅鲁藏布江流域中游河谷地区和藏东三江中流域高山深谷区，以米林、林芝、工布江达、林周和波密等县最多。因此，西藏小型猪能适应恶劣的高寒气候和以放牧为主的低劣饲养条件，终年随牛羊混群或单群放牧，是世界分布海拔最高的地区猪种，有极强的适应性，抗病耐粗，是我国宝贵的动物遗传资源之一。西藏小型猪也是我国目前已知小型猪品系中体重最轻的品系之一。据中国猪品种志记载，成年母猪体重30.96kg，体长

80.31cm，体高 48.81cm，胸围 71.74cm；成年公猪体重 38.30kg，体长 82.58cm，体高 49.83cm，胸围 77.00cm。

由于藏区特定的生态因子和社会生产力水平的原因，在一定范围内自繁自养，形成了稳定的闭锁群体，保存了较为纯正的血缘。长期的放牧饲养使西藏小型猪形成了视觉发达、嗅觉灵敏、能奔善跑、心脏发达、四肢结实和沉脂力强等高原生存特点。西藏小型猪是发展我国高海拔地区养猪业的重要品种资源，在未来的新品种（系）选育中或许能发挥独特的作用，同时，也是医学研究中理想的实验动物和器官移植的理想素材。1993 年，有关方面将工布江达县错高乡确定为西藏小型猪原种保护区，国家每年划拨保种专项资金。2004 年，西藏小型猪被正式列入《中国畜牧品种志》，被正式确定为地方原始猪种。目前，饲养数量约 6 万多只。

西藏小型猪被毛多为黑色，部分猪具有不完全“六白”特征，少数猪为棕色，也有的仔猪被毛具有棕黄色纵行条纹。鬃毛长而密，被毛下密生绒毛。体小，嘴筒长、直，呈锥形，额面窄，额部皱纹少。耳小直立、转动灵活。胸较窄，体躯较短，背腰平直或微弓，后躯略高于前躯，臀倾斜，四肢结实紧凑、直立，蹄质坚实，乳头多为 5 对。

西藏小型猪的体型微小，生长速度较慢，6 月龄公猪体重仅 26kg 左右，母猪 30kg；体长 70 ~ 80cm、体高近 35cm、胸围约 70cm；全程日增重 200g 以下，料重比 3.3 ~ 3.5。龚建军等对 59 头后备西藏小型猪进行生长发育性能测定，发现公、母西藏小型猪的全程日增重分别为 160.63g、192.15g，全程料重比分别为 3.59、3.32。

西藏小型猪的适配月龄较早，初配年龄和适宜体重，公猪为 5 月龄、母猪为 6 月龄，体重为 30kg 左右，公猪在 5 月龄后表现出极强的性成熟体征，例如翻圈、相互爬跨，阴茎频繁勃起、采食量下降等现象明显，导致其6月龄体重较5月龄体重减轻，日增重明显降低；母猪6月龄后出现阴户红肿，有黏液流出，相互爬跨、鸣叫等性行为体征。在放牧条件下，每年产仔1窝或2年产仔3窝。据报道，西藏小型猪的繁殖性能较低，初产母猪产仔数（4.66±1.64）头，2胎（6.37±1.64）头，3胎以上（7.05±1.83）头；甚至还有更低的报道。但张浩等在西藏工布江达县走访调查中发现，很多西藏小型猪的繁殖性能并不低，产仔数在10头以上的母猪很常见，只是仔猪由于受母猪营养、环境条件、自然灾害和野生动物侵袭等影响而成活率较低。繁殖性状属于低遗传力的数量性状，受环境影响较大。

西藏小型猪体小皮薄、脂少肉多、肉嫩味美，素有“高原之珍”的美誉。藏猪的肉质细嫩、口感好、风味佳。陈晓晖等选择出生1月龄左右藏猪54头，分别在1月龄、2月龄、3月龄、4月龄、5月龄、6月龄、12月龄时进行胴体性能和肉质特性测定，发现随着月龄的增加腹油、背膘厚、皮厚和眼肌面积呈上升趋势；屠宰率在1—6月龄变化不大，而在12月龄时增加较多；瘦肉率，前后腿比例，前腿、背腰和后腿中瘦肉率均随月龄增加呈下降趋势；在肉质特性方面，从pH值、Opto值、LF值、肌肉含水量、脂肪IMF、滴水损失等数据来看，不同阶段肉质指标均属优质肉。西藏小型猪可用于生产酱、卤、烤、烧等多种制品，其中烤乳猪是极受消费者青睐的高档产品。

## 四、环江小型猪

环江小型猪是一个优良的地方品系，原产于广西和贵州交界地区的环江县境内东北部的明伦、东兴、龙岩和驯乐4个乡镇。这4个乡镇过去归属于宜北县，所以环江小型猪也叫“宜北小型猪”；因中心产区在明伦，故又叫“明伦小型猪”。

环江小型猪全身纯黑光滑，下巴有肉痣，耳朵小、呈葫芦

形；具有皮薄骨细，肉质幼嫩，味道芳香鲜美。哺乳猪长到2.5kg即可食用，不滑不腻，无乳腥味及其他异味等。环江小型猪既是制作烤乳猪的首选原料，又是良好的实验动物，为我国生命科学研究、生物工程和食品工业的发展提供了一个新的动物资源，同时也是有待开发的伴侣动物，具有很高的开发价值。2003年，环江小型猪通过国家质检总局原产地标记注册。同时，环江小型猪出口公司获得了“国际绿色保健食品联盟会员证书”和“出口生产基地备案证书”，环江小型猪成为可以在国际贸易国间流通的优质畜产品。“环江小型猪”获得了“国家地理标志产品”资格，借助其巨大的品牌优势，环江小型猪的美誉度、产品价格迅速飙升，而且小型猪产业的品质、规模和价值等均得以全面提升。近年来，无论是小型猪饲养农户，还是小型猪的加工企业，都获得了良好的经济回报。

（一）抗逆性强、耐粗饲性状明显

产区群众饲养环江小型猪大多数是各家各户的分散经营，目前，还没有大型规模化养猪场。饲料以青饲料为主，精、粗饲料用得很少。青饲料主要有红薯藤、甘蔗叶、芭蕉芋茎叶、芥蓝包和牛皮菜等，秋、冬季节青饲料供应不足时，便采集青麻叶、莎树叶、革命菜和车前草等野生饲料补充；精饲料主要是稻米、玉米、黄豆和木薯糟等；粗饲料主要是直出糠及其他农副产品。

环江小型猪的饲养管理仍较为粗放，基本上仍沿用传统的熟喂方法，即把青饲料及精、粗饲料同锅煮熟成粥状，喂时适当冲稀，一天喂2餐或者3餐，哺乳母猪有的喂四餐。空怀母猪青饲料约占日粮的70%～80%，精饲料占10%～15%，粗饲料约占10%～15%；种公猪配种期及母猪怀孕期间则适当增加精饲料，一般增至日粮的20%左右；哺乳母猪一般都加喂米浆或豆浆。哺乳仔猪生后20天开始补料，初喂稀粥或豆浆，随后加喂细米糠和青饲料，直至断乳。断乳半个月后不再补料，与母猪同食一锅潲。近年来，部分群众给哺乳仔猪补料时，加些“151 乳猪料”。育肥猪一般圈养，但秋收后有些群众仍放牧，普遍采取两头精中间粗的“吊架子”育肥方法，但始终以青饲料为主。

在极其艰苦的条件下，环江小型猪依靠秕谷、野草、树叶、野菜生存和繁衍，形成了抗逆性强、适应性广、饲料广泛、易于管理等优良特性。由于饲料的构成比较简单，营养不全，蛋白质不足，微量元素也较缺乏，因而生长较缓慢，整齐度也较差，一旦改善饲养环境体型就会变大，因此，需要进一步选育。

（二）体型矮小、性成熟早

由于环江小型猪体型较小，饲养管理较为粗放，因而仔猪初生体重较轻，平均仅 0.78kg，而且生长发育缓慢，20 日龄仅为 2.15kg，60 日龄为 8.5kg，断乳 4 个月后体重仅为 35kg 左右、六月龄为 50kg 左右。

环江小型猪后备母猪一般 3 月龄以后开始发情，发情周期 16～21 天，发情时间持续 3～4 天；5～6 月龄体重 30kg 左右即配种，受胎后妊娠期为 110～117 天，产仔后 50～70 天第一次发情。母猪利用年限一般为 9～10 年，好的母猪可利用 13～15 年。种公猪 3—4 月龄开始爬跨配种，使用年限为 3～5 年，过长则影响受胎率。群中往往不留种公猪，采用子配其母的近亲繁殖。由于母猪体小及早配，因而第一胎产仔头数少，成活率也较低；经产以后产仔较多，育成率也较高。据调查，初产母猪 11 头，共产仔 62 头，平均每胎产仔 5.6 头，60 日育成 55 头，占产仔数的 88.7%；经产母猪 35 胎，共产仔 307 头，平均每胎产仔 8.8 头，60 日育成 298 头，占产仔数的 97.1%。

## 五、贵州小型猪

贵州小型猪包括从江小型猪、榕江小型猪和剑白小型猪，主要产于贵州省黔东南苗族侗族自治州从江（加鸠、宰便）、榕江

（八开、计划）、雷山和凡寨等县的10多个乡镇，以及黔南布依族苗族自治州三都、荔波两县的部分乡村。贵州小型猪产地系贵州省和广西壮族自治区交界的九万大山地区月亮山及其周围，崇山峻岭，地势较高（最高海拔1 490m），纬度低，兼有两广热带、南亚热带、华中亚热带和暖温带等几个气候带，水势条件较好，海拔1 000m以下地区，年平均温度都在18℃以上，年降水量1 100mm。森林植被多为中亚热带向南亚热带、热带过渡的湿润性常绿阔叶林，林中珍奇稀有树种和动物较多，被贵州省划为“月亮山自然保护区”。由于交通闭塞和农户很少从市场上购买猪肉以及没有引进外地猪种，当地猪的疫病甚少，也没有有毒化学物质的污染。

贵州小型猪的产品开发已有上百年的历史，多作为食品利用。20世纪30年代，中心产区的宰便镇周围曾经有几个较大的小型猪市场，日上市量达200～300头，当地有几个加工作坊，由广西师傅掌火，加工传统的腊制小型猪、风干小型猪和烧烤小型猪，以“宰仔香猪”为商标，销往贵阳、广州、港澳等地，小型猪也由此而得名。1992年9月，贵州小型猪作为贵州唯一送展猪种，参加了在深圳举行的“中国养猪行业交易会”，立即受到国内外专家和客商们的广泛关注，再次被公认为中国最小的猪种之一。于是，在国内外掀起了一股“小型猪热”。近20年来，北京、上海、广西、四川、河南和贵州等20多个省区市的40余个科研、生产单位先后到从江江、榕江两县引进贵州小型猪4万余头，在小型猪的科研与开发方面取得了突破。其中，北京农业大学在纯系选育、笼养技术研究方面，上海实验动物中心在实验动物应用研究方面，贵阳中医学院与日本合作在医学应用研究方面，均取得了理想的成绩。目前，又建成了一个SPF级的小型猪核心群。福建、广西等省区采用现代食品加工技术，批量生产的“烤乳猪”走俏日本、东南亚等国。

（一）体型小

经调查，仔猪的平均初生体重为0.5kg，60日龄平均体重为3.86kg，6月龄后备母猪的平均体重为26.48kg；成年母猪的平均体重为35.41kg，体长为80.79cm，胸围为73.02cm，体高为43.72cm。当地群众用传统方法培育的成年公猪，其平均体重为11.74kg，体长为49.83cm，胸围为41.83cm，体高为28.58cm。公猪120日龄开始用于配种，后备母猪6月龄即可配种繁殖；经产母猪平均窝产仔数6.65±0.57头，育肥猪10月龄平均体重为38.01kg。

（二）肉质良

据报道，贵州小型猪屠宰率为62.8%、胴体中的瘦肉占34.17%、脂肪占39.56%、骨重占11.47%、后腿占12.90%、眼肌面积为（10.34±2.39）$cm^2$。1980年，从江县畜牧局邀请国内有关专家前往考察并做了不同品系猪的肉品质测验，分别取贵州小型猪、黔东大花猪、内江猪的肥猪和双月龄仔猪共6个样品，分为凉白肉片、烧烤、清炖大排、清水煮肉片等4种加工方式进行品尝测验，总评结果贵州小型猪得分最高。1981年，贵州省畜牧兽医研究所取样做蛋白质和氨基酸对比测定，每100g干样瘦肉蛋白质含量，贵州小型猪为81.46%、可乐猪为77.05%、苏白猪为65.43%；氨基酸含量，贵州小型猪为72.79%、可乐猪为71.70%、苏白猪为53.01%。1984年，贵州农学院对贵州小型猪、贵州惠水猪、长白猪进行组织测定，发现贵州小型猪的肌纤维比惠水猪、长白猪的肌纤维细，肌束肌纤维数量多，肌大束及肌束间距短，表明贵州小型猪肉质细嫩。

（三）品系纯

贵州小型猪是一个在特定历史条件、特定地理环境和粗放饲养管理条件下形成的一个地方猪种。又经历了几百年的自然选择和人工选择，加上当地科技、文化落后，交通闭塞（中心产区

1990年才通车），社会也比较封闭，从未引进外地猪种，因此其基因高度纯合，具有近亲繁殖不退化的特点，形成了一个极为宝贵的种质资源。

异地饲养，在自然环境、营养水平和饲养管理条件均有较大改变的情况下，品系变异不大。1979年，贵州畜牧兽医研究所开始进行异地饲养试验，用6头80日龄的仔猪去势后进行育肥，开始时平均体重为5.2kg，用配合饲料（含麦麸30%、玉米粉26%、马铃薯粉10%、米糠5%、豆饼18%、骨肉粉4.7%、硫酸钙4%、食盐及微量元素）加上青饲料饲养，日喂料4次，160天后平均体重达到31.3kg，再继续喂至10天后体重达到41kg，但明显出现了日耗料量增加而日增重逐渐减少的成熟现象，表明贵州小型猪育肥体重在35～40kg时已达到出栏和屠宰标准。1985年，北京农业大学引种30头，经过一年的饲养，出现发情周期延长、发情持续期缩短、性成熟时间推迟、体重增加等变化；又经过一年低能量日粮饲养，出现了体重下降、生殖生理复原等现象；再饲养较长时间，贵州小型猪逐渐适应了北京的环境，其生理机能、体重等性状几乎恢复到原产地水平。

1990年，贵州省畜牧局实施保种方案，在中心产区从江县城效建设了贵州小型猪原种繁殖场。经过几年的选育和改善饲养管理条件，母猪产仔数、双月断奶体重、育肥体重等几项指标均有所提高，母猪窝产仔数为7头或8头，双月龄体重为4～6kg，8月龄母猪体重为30kg，育肥猪10月龄体重为39kg，屠宰率为68.59%，瘦肉率为52.19%。

## 六、版纳小型猪

版纳小型猪系西双版纳州境内小耳猪的一个类型，因其体型矮小、生长缓慢、分布广、群体大以及性能独特，1987年经盛志廉教授定名为版纳小型猪，以区别于一般的小耳猪。版纳小型猪主要分布于云南西双版纳州境内的拉祜、爱伲、布朗和瑶等少数民族村寨。这些村寨多处于崇山峻岭之中，有些还在原始森林自然保护区内，交通闭塞。当地少数民族多行刀耕火种，农作物以旱稻、玉米为主，一年一熟，并有隔 7 ~ 8 年搬迁一次村寨的习惯。各村寨的猪群基本自繁，很少串种，猪群终年放养，昼出晚归、傍晚回来补饲一次。饲喂粗放，饲料以米糠、野芭蕉秆为主，有时亦辅以少量玉米和碎米。无圈舍，夜间栖于屋檐和竹楼下。每户养猪 6 ~ 7 头到数十头不等，自繁自养。母猪产后均留 1 头小公猪配种，其余小公猪于 1 月龄去势，待母猪怀孕后，留下的小公猪也去势，无饲养大公猪的习惯，长期存在着亲子、同胞等不同形式的近交。其皮薄，后腿重比例高，当地群众素有食用小猪习惯。由于小型猪有边长边肥、育肥能力强等特点，从 4 ~ 5kg 起任何阶段都处于肥胖状况，煮食、烤食均无腥味，加之小型猪食量小、体重轻，便于村寨搬迁携带，备受喜爱。

版纳小型猪全身黑毛，头小，额平无皱纹，耳小直立，嘴筒长短适中而直；体质细致结实，躯体各部分发育匀称，四肢短细坚实有力，背腰平直，腹部不下垂，乳头数一般为 5 对。版纳小型猪体型矮小，6 月龄体重、体高和体长分别为（17.2 ± 0.4）kg、（34.4 ± 0.2）cm 和（58.5 ± 0.6）cm，成年公猪体重为（36.1 ± 1.1）kg，成年母猪体重为（43.3 ± 1.0）kg，比报道的国外小型猪 50 ~ 70kg 有明显的小体型优势，与经 30 年系统选育的德国哥廷根小型猪35 ~ 40kg 很接近。同时性成熟早，3—4 月龄即可配种繁殖，8—10 月龄即可产第 1 胎，比哥廷根猪 17—18 月龄才产 1 胎要早得多，是培育医学实验动物理想的素材。目前，该猪种已由中国科学院上海实验动物中心引入，进行实验动物化的定向培育。

1980 年，云南农业大学曾养志教授等人以其作为基础种群，采用全同胞或亲子交配两种高度近交方法，经过连续 24 年的严

格选择后，至 2003 年已成功进入 20 世代，近交系数高达 98.6%。版纳小型猪近交系的培育成功，将为生物医学实验、异种器官移植、转基因及基因组学研究等领域提供基因高度纯合、遗传背景清楚的大型纯系动物。

## 七、都昌小型猪

都昌小型猪产于江西省北部的都昌县，为江西省体型最小的地方猪种。该猪种有很多特点和优点，尤其可贵的是，其瘦肉率高达 47%。其体型与西德 sdmit 博士培育成的实验小型猪近似。因此，都昌小型猪可被用作提高商品猪瘦肉率的杂交亲本，亦可作为实验动物。

当地农民采用近亲交配和半放牧方式，早晨食后，放猪上洲，啃嚼野草，晚归吃馒，夜间睡在桌下或灶前草窝。饲养方法以水草、野菜为主，搭配少量的麸糠料煮熟饲喂。猪的被毛黑色，亦具“六点白”（四肢下部、颌面和尾尖），头狭长，耳小下垂，胸浅窄，背腰微凹，四肢瘦短，蹄黑坚实。成年公猪体重 44kg，母猪体重 50kg，产仔数 6.5 头，奶头 7～8 对。45 日龄体重 5kg 左右，胴体瘦肉率 47%。心率 90.3 次/秒，呼吸频率 22.7 次/分，肛温 39.1℃，血凝时间 1 分 48 秒，血沉 30 分，红细胞总数 669.6 万，白细胞总数 19 007。

## 八、中国台湾小型猪

中国台湾小耳猪是台湾高山族历来所饲养的地方猪种。毛呈黑色，耳小而直立。12 月龄体重 50kg 左右，成年体重 80kg 左右。具有早熟性，4 月龄体重 15～18kg 时即有发情行为，雄性比雌性体型小。每胎产仔数为 5～7 头。

李宋种（Lee-Song），是台湾大学李登元教授和宋永义教授从 1975 年开始，将由台湾东南部兰屿岛引入的台湾小耳猪 1 雄、

5 雌中选育而成的小型猪。选育后，12 月龄体重仅 30kg 左右。毛色原为黑色，近交结果产生白斑猪，但这种白斑个体体质虚弱、育成率也较低，和兰德瑞斯杂交的 F1 代变为白色，但 12 月龄体重也增大至 51kg。用小耳猪种回交，已选出白色个体而使本品系白色化。1975 年，日本文化厚生财团的成人病医学研究所从中国台湾引入日本，现在正作为癌症温热疗法的模型。

## 第二节 国外小型猪品系

国外小型猪资源相对匮乏，培育小型猪多采用从世界各地引进多种小型猪种、野猪等作为亲本进行杂交选育，导致其遗传背景繁杂，培育出的小型猪体型大、毛色不一、遗传及表型不稳定。早在 20 世纪 40 年代末，美国就开始了小型猪的培育开发研究。国外采用多学科联合选育，缩短了基础研究阶段，至 20 世纪 80 年代，美国、德国、日本和苏联等国家先后培育了明尼苏达、尤卡坦、哥廷根和西伯利亚等 10 多个小型猪品种、品系，并较快地进入了产业化、商业化阶段；另外，对小型猪的特点及其应用进行了大量研究，有力推动了生物医学、兽医学、药学和畜牧业的进步和发展。经济上的良性循环又推动了小型猪研发的稳定、可持续发展。目前国外较有影响的小型猪品系包括以下几种。

### 一、美国小型猪品系

#### （一）明尼苏达霍麦尔系

明尼苏达霍麦尔系（Minnesota Hormel）是第一个小型猪品系，由美国明尼苏达州州立大学的 Winsters 教授等人在 Hormel 研究所历经 10 余年选育而成。其原始基础群包括以下 4 种：几内亚猪（Guinea hog），是生长在美国阿拉巴马州等地区的黑色

野猪，其四肢短、肥胖，其在育成小型猪的遗传比例占15%；皮纳森林猪（Piney woods pig），是在美国路易斯安那州捕获的野生猪，毛色和体型不整齐，遗传变异大，其遗传比例占46%；卡塔利那岛猪（Catalina island pig），是在美国加利福尼亚州的桑塔·卡塔利那岛上所捕获的一头雄猪，其肩部宽广，后躯狭窄，其遗传比例占20%；关岛猪（Rash-Lansh Pig），是关岛的野生猪，其遗传比例占20%。

该小型猪的育成方法如下：先用前3种猪杂交组成基础群，然后再加入关岛猪；使以上4种猪杂交，培育出具有丰富遗传变异的基础群，经多世代连续选育小体型个体，最后进行近交固定性状。培育出的小型猪变异虽然相当大，但体型比欧美家猪明显减小。初生个体重0.76kg，6月龄22kg，12月龄48kg。产仔数6.3头，育成4~5头。毛色为黑白斑。虽以野猪作为原始祖先，但性格温顺，便于使用。从初生仔猪的身体上，可见到与野生仔猪相当的竖条纹。

（二）皮特曼-摩尔系

皮特曼-摩尔系（Pitman-Moor）是美国皮特曼·摩尔制药公司育成的实验用小型猪。其原始基础群是佛罗里达半岛上的野猪。相传是哥伦布当年带来的猪与加勒比海各岛上的猪交配而产生的后代。这种小型猪头大，颜面部突起，耳直立。毛色有白色、黑白斑、褐色带黑斑等多种变异，但多为黑白斑。日本生物科学研究所于1967年引入皮特曼-摩尔系小型猪，主要作为清洁级实验动物，除应用于日本脑炎、猪瘟、猪萎缩性鼻炎等研究和鉴定外，部分还供给皮肤或药理实验用。

（三）亨浮额德系

亨浮额德系（Hanford）是美国俄亥俄州亨浮额德研究所育成的用于皮肤研究的实验用小型猪。为得到白色皮肤猪，必须导入白色基因。1957年开始，用上述皮特曼-摩尔系小型猪和白色派洛斯猪（Palouse pig，产于美国华盛顿的腌肉型猪）交配。为使被毛进一步变稀疏，再继续用原产于墨西哥的拉布哥猪（Labco pig）交配改良。拉布哥猪性格温和，被毛稀少。杂交后育成的小型猪不仅被毛稀薄，而且成了白皮肤猪，其体重 70～90kg，作为生产化妆品用的试验猪而受到重视。

（四）埃赛克斯系

埃赛克斯系（Essex）是从美国德克萨斯州西南部遗留的黑色埃赛克斯种猪育成的小型猪，目的是用于 SPF 化。其 2 周岁体重为 70kg 左右，4 岁时达 108kg 左右。

（五）尤卡坦种

尤卡坦种（Yucatan）由美国科罗拉多州立大学育成。原始基础群是南墨西哥的尤卡坦半岛和美国中部的野猪。育成的小型猪主要用于糖尿病研究。

（六）亨浮额德和霍麦尔的杂交种

亨浮额德和霍麦尔的杂交种（Handford ×Hormel），是依照美国农业部和保健、教育、福利部的特别计划，将亨浮德系小型猪和霍麦尔系小型猪进行杂交而成。

（七）内布拉斯加系

内布拉斯加系（Nebraska）是由美国内布拉斯加大学育成，采用皮特曼－摩尔系小型猪和拉美的洪都拉斯的矮小型猪杂交选育而成。

## 二、德国小型猪品系

哥廷根系（Göttingen）是由德国哥廷根大学的斯密德博士为获得更加小型化的猪，用越南引入的小型野猪杂交明尼苏达霍麦尔系小型猪而获得。其先后引入了两种越南小体型猪，1960 年引入的是黑色、腹部下垂、具有直立小耳的畸面型猪种，1964 年又引入了腹部为桶型的黑白斑花猪。所育成的小型猪，其脸

型、腹型受越南猪的影响。

为使毛色变薄，以后又引入了德国改良系兰德瑞斯（Landrace，原产于丹麦的腌肉型猪）。育成的小型猪简称G品系小型猪。G品系导入了德国兰德瑞斯猪的繁殖性能好、性格温和、白色被毛等特性。G品系小型猪分为有色系和白色系。比其他小型猪品系体型小，初生重0.45kg，1周岁体重30～35kg，2周岁52kg左右；4周断奶，性成熟年龄公猪为3～4月龄、母猪为4～5月龄。

日本实验动物中央研究所于1976年从哥廷根大学引入了白色G品系小型猪。1992年，丹麦引进了Göttingen小型猪，并进行了SPF化培育。据报道，G品系3月龄体重5kg左右、4～5月龄10kg、7月龄20kg，性格温和，在实验中可充分利用。雌雄小型猪都是4～5月龄性成熟，平均产仔数4.9头。研究结果认为，G品系小型猪可在催畸性试验，各种药物代谢、脏器移植、皮肤移植试验等领域中广泛应用。

## 三、日本小型猪品系

### （一）阿米尼系

阿米尼系（Oh mini）是由日本家畜研究所的近江弘育成。其原始基础群是1942年从中国东北引入的小型民猪的后代。其特点是体型小，黑色、垂耳、强健、耐粗饲、多产。从1960年开始选择零世代基础群母猪15头、公猪4头，以后从所产仔猪中不断选择小体型个体反复交配，经过10多年选育而成阿咪尼小型猪，即为日本原种小型猪。现作为20多世代的近交系而维持。

该品系繁殖性能好，育成率高，8月龄体重为25kg，成年体重为40～50kg，是黑色、耳大下垂的小型猪。作为原种猪闭锁繁殖，只有杂交种或原种去势猪才作为实验用。以后又把该原种猪和美国明尼苏达 1 号猪交配，得到两种杂交后代：把含有 75% 原种血液的 F1 代称为小型 750；把含有 87.5% 原种血液的 F1 代称为小型 875。这两种杂交猪都可作为一般实验用。其中，小型 750 如长期饲养，体重相当大，4 年 6 个月可达 120kg；小型 875 体重小，1 年 8 个月仅 30kg。长期实验时，应用小型 875 为好。繁殖性能：每胎约产 12 头，育成率也较高。美国宇航局在人造卫星中装载的试验猪即是从日本近江养猪场引入的含这种小型猪血缘 50% 和 75% 的杂交种。

（二）会津系（Huei-Jin）

日本文化厚生财团的成人病研究所在名古屋大学畜产学研究室富田教授的指导下，正在把从中国台湾引入的兰屿猪育成为体型更小的小型猪，期望今后能更加实用。预期育成的小型猪初生体重为 650g，3 月龄体重为 4 ~ 5kg，8 月龄体重为 15 ~ 20kg，12 月龄体重为 25 ~ 35kg。会津系将是比 G 品系更小的小耳猪。

（三）克劳恩咪尼系

克劳恩咪尼系（Clawn mini）是由日本配合饲料中央研究所利用阿咪尼猪、大约克夏猪（英国的腌肉型猪）、兰德瑞斯猪和哥廷根 G 品系杂交育成。

## 四、法国小型猪品系

科西嘉系（Corsica）是由法国原子能研究所以地中海科西嘉岛上的半野生猪作为原始基础群育成的小型猪。其成年体重为 45kg，主要用于放射性研究。

目前，世界上许多国家都重视小型猪生产的发展，不仅是因为作为实验动物在科研领域应用广泛，也因其肉质鲜嫩、营养价值高，具有很大的食品市场。在欧洲一些国家，小型猪甚至成为伴侣动物。总之，小型猪具有广阔的发展前景和市场需求。

# 第二章　小型猪饲养管理技术

## 第一节　小型猪的饲料配制

### 一、饲料种类

（一）能量饲料

能量饲料是构成日粮的营养基础饲料和能量的主要来源，这类饲料主要包括谷物籽实及其精制副产品。其营养成分的共同特点是淀粉含量高，而粗蛋白和氨基酸的含量较少，其中，缺乏赖氨酸和蛋氨酸，色氨酸的含量也较低。矿物质中钙含量比磷的含量虽高，但主要是猪难以消化吸收的植酸磷，缺少维生素 A、维生素 D，而维生素 B 和维生素 E 的含量较高。

1. 玉米

玉米不仅适口性好，且消化率高，含淀粉多，是小型猪日粮中主要的能量来源。但玉米仅含粗蛋白 7% ~8%，其组分主要是胶蛋白，缺乏赖氨酸和色氨酸。在以玉米为基础饲料能量的日粮中，需搭配适量的饼粕或豆类及动物性饲料，以弥补玉米蛋白质数量和质量的缺陷，满足各阶段猪能量蛋白需要。

玉米含钙量不足 0.1%，含磷约 0.3%，其中，一半是淀粉因而必须补充钙磷矿物质饲料。

2. 大麦

大麦含有大量的淀粉，总营养价值相当于玉米的 85% ~

90%。蛋白质含量较多，一般为11.7%～14%，含较多的赖氨酸和色氨酸。

大麦缺乏维生素A和D，钙和有效磷含量甚少。由于大麦籽实外包着一层坚硬的外壳，粗纤维含量较其他籽实高。

3. 高粱

高粱的淀粉含量略低于玉米，脂肪含量也少。其能值能达到玉米的80%。其蛋白质含有单宁素，味涩，适口性差。多喂可引起猪便秘，应限量，一般不超过饲粮的1 0%。其他如维生素A、D、钙和有效磷的含量也甚少，饲喂时应注意与其他饲料合理搭配。

4. 米糠

米糠富含淀粉。优质米糠含蛋白质12%以上，赖氨酸含量较高。米糠含脂肪约10%，粗脂肪中不饱和脂肪较高，易氧化而酸败，不易保存。米糠中含钙少，含磷量虽高但有效磷含量却甚少；缺乏维生素A，而维生素B族含量丰富。米糠在生长猪日粮中所占比例不宜过多，超过20%～30%，会导致消化率降低，并产生“软脂肉”，同时引起猪的皮炎。

5. 小麦麸

麸皮含淀粉较多，其含量为50%以上，粗纤维含量较高可达到8.5%～12%。粗蛋白含量较高，可达12.5%以上。含有赖氨酸0.67%，但蛋氨酸很低，只有0.11%，B族维生素含量高，钙含量少，而磷的含量较高，其中植酸磷为80%。钙磷比例不平衡。

由于麸皮含粗纤维多，容积较大，植酸盐含量较多，故具有轻泻性。所以在配制日粮时应与玉米、高粱、大麦等谷物饲料搭配。其给量一般不超过25%～35%，断奶仔猪不超过5%～10%，肥育猪不超过10%～20%。

6. 甘薯干

甘薯干含淀粉非常丰富，蛋白质含量仅为4%且含非蛋白氮物质高，最好与籽实、饼类、豆科牧草等混喂。甘薯储藏易发霉，饲喂前需用清水浸泡，洗去真菌，煮熟或发酵后再喂，以免中毒。

7. 木薯粉

木薯粉含淀粉高达72%，是良好的能量饲料，木薯粉粗蛋白含量仅2.5%，且矿物质和维生素亦较缺乏，因此，在用木薯粉时，应注意与蛋白质、矿物质和维生素的搭配。

（二）蛋白质饲料

1. 植物性蛋白质饲料

一般谷物及其加工副产品组成的日粮，其粗蛋白只满足实际需要量的30%～50%，并且蛋白质含量也不理想。为了满足猪对蛋白质数量和质量的要求，必须在日粮中补充蛋白质原料。粗蛋白含量20%及20%以上的饲料，称为蛋白质饲料，要包括油饼类、豆科籽实及动物性饲料。

（1）大豆饼。大豆饼是一种优质蛋白质饲料，粗蛋白质含量高达35%～45%，并且品质优良，含有较多的必需氨基酸。用浸榨法加工的豆粕中，蛋白质含量较高，豆饼（粕）中赖氨酸含量丰富，是油饼类中含量最高的饼类。

（2）棉籽饼。棉籽饼含蛋白质36%～38%，赖氨酸含量仅为大豆饼的60%，其中有效赖氨酸为大豆饼的50%，因而棉饼并不能作为唯一的蛋白质补充料。

棉籽饼中含有对猪有毒害作用的游离棉酚等物质，过量添加引起猪中毒。在日粮中最多不能超过10%，在应用棉籽饼作为蛋白质饲料添加，可以收到良好效果。

（3）菜籽饼。菜籽饼约含粗蛋白30%～40%，粗纤维含量12%～13%左右。蛋白质中蛋氨酸、赖氨酸的含量较大豆饼、花生饼较少。钙磷含量高，硒的含量特高，每 kg 可达 0. 98mg。

菜籽饼中含有硫葡萄酸，在芥子酶的作用下，可生异硫氰酸酯和噁唑烷硫酮等有害物质，对猪有毒性作用，再加上适口性差，在配用时，要严格控制用量，一般不超过日粮的 3% ~5%。

（4）花生饼。适口性好，营养丰富而且易消化，其饲用值仅次于大豆饼。花生饼中蛋白质含量变动较大，主要与加工时花生壳的含量有关。全去壳，蛋白质可达 44% ~46%，粗维含量低，赖氨酸和蛋氨酸含量少，是氨基酸不平衡的蛋白饲料。因此，在使用时应与其他动物性蛋白质饲料配合使用，猪的日粮中不超过 15% 为宜。

花生饼不耐储存，易于生长黄曲霉，对猪可造成极其严重的后果。因此应特别注意花生饼的储存时间和条件，杜绝霉变。

（5）豆类。各种豆类如大豆、蚕豆、豌豆、黑豆等均可作为猪的蛋白质饲料。

豆类不仅含蛋白质高（20% ~40%），而且各种氨基酸，尤其是赖氨酸含量较多，与谷物和糠麸配合使用，可有效提高粮蛋白质的生物价。但大豆类适口性差，且某些豆类如大豆有抗胰蛋白酶，妨碍猪对蛋白质的消化利用。因此，在饲养过程中应加热处理，破坏抗胰蛋白酶的活性。

2. 动物性蛋白质饲料

（1）鱼粉。鱼粉是优质的动物性蛋白补充饲料，鱼粉中的蛋白质含有多种必需氨基酸，特别是一般饲料缺乏的赖氨酸、蛋氨酸和色氨酸含量丰富。蛋白质消化率高达 88%，鱼粉中钙磷含量高，比例也适宜，碘的含量也很高，维生素 B 族丰富，适于饲喂仔猪和种猪。一般日粮中用量可达 5% ~1 0%。

（2）肉粉、肉骨粉。系指经卫生检验不适合人食用的肉品或肉品加工副产品，经高温、高压或煮沸处理及脱脂处理，脱水干燥制成的粉状物。肉粉的蛋白质含量变化幅度较大，一般为

50%～60%。肉骨粉则因肉骨比例不同，其蛋白质含量有差异，一般在45%～50%。肉骨粉蛋白质中含有赖氨酸较多，蛋氨酸含量不如鱼粉。色氨酸含量不如饼类，肉骨粉不仅钙磷含量丰富，而且比例适合，维生素B族丰富，尤其是尼克酸和维生素$B_{12}$含量多。

肉粉和肉骨粉的饲用价值仅次于鱼粉，喂量可占日粮含量3%～10%。

（三）青绿多汁饲料

青绿多汁饲料包括青饲料、块根块茎饲料和瓜类等。其特点是水分含量高达70%甚至80%以上，干物质仅10%～30%，该类饲料来源广，产量高，营养丰富，价格便宜是小型猪喜爱的重要饲料。小型猪对青饲料的采食量大，一般种猪每日可采食4～5kg，生长猪2～3kg。由于青绿多汁饲料体积较大，可限制了猪的随意采食，单一饲料饲喂又难以满足其营养需要，因此，必须与能量饲料、蛋白质饲料配合使用，才能充分发挥作用。

1. 青饲料

（1）苜蓿。系多年生豆科牧草。鲜苜蓿中含干物质20%～30%，粗蛋白占鲜重的5%左右。含赖氨酸和色氨酸较多；还含有多种矿物质，特别是钙磷以及维生素$B_1$、$B_2$、C、E、K和胡萝卜素。苜蓿适口性好，猪爱吃。

（2）紫云英。紫云英富含蛋白质，并含有各种矿物质维生素，鲜嫩多汁，适口性强，小型猪极喜采食。鲜喂或制粉效果都很好，替代日粮中能量和蛋白质饲料的25%～30%，对生长和肥育无影响。

（3）甘薯藤。鲜甘薯藤约含干物质14%，粗蛋白2.2%，氮浸出物7%，且含维生素较多，是营养价值较高、适口性好的青饲料。切碎，打浆，晒干制成的甘薯秧粉与其他饲料配合饲喂，猪也很喜食。但因甘薯藤干物质中粗纤维含量较高，使用时应适量。

（4）苦荬菜。苦荬菜约含干物质8%～20%，蛋白质含无氮浸出物4.5%～7.5%。它适应性强，产量高，可以整粉碎或打浆后饲喂，虽味稍苦，但各类猪均极喜食，有促进食欲及提高母猪产乳量的作用。

2. 块根、块茎和瓜类

这类饲料有以下养分特点：含水分多，高者可达90%以上；淀粉和糖是干物质的主要成分，可占60%～85%；粗纤维含量低，不超过干物质的5%～10%；含钙、磷、钠少，含钾相对较多，粗蛋白质含量占干物质的10%～12%，与谷物饲料相似，蛋白质的生物价较高。

（1）胡萝卜。胡萝卜含干物质10%，含糖多，故适口性好。含大量的胡萝卜素，及较多的维生素C和B族，大量饲喂时，以生喂为好。

（2）甘薯。含干物质25%左右，其中，85%是淀粉，消化率高，粗蛋白含量约占10%，粗纤维也占10%，故甘薯的消较高，适口性好，是小型猪的优质饲料。饲喂时生熟均可。

（3）南瓜。含水分较多，干物质仅占10%，干物质中，淀粉占5%，粗蛋白占15%以上，略高于块茎块根饲料，胡萝卜素含量较高。南瓜味甜，小型猪极喜食。

（四）粗饲料

粗饲料是指粗纤维含量超过干物质18%以上的一类饲料，主要包括：干草、树叶、秸秆等。这类饲料的特点是体积大、粗纤维多，质地粗硬，不易消化，因此，营养价值低，饲喂效果差。其中应用最多、最好的是干草粉。

干草粉：青草晒干或烘干制成干草，干草经加工制成草粉作为猪的饲料，常用豆科青干草作成草粉，其粗蛋白含量较高，粗纤维含量较低，因而营养价值较高。其干物质为85%～90%，

优质草粉具有草香味，适口性好，可以代替部分能量饲料和蛋白质饲料饲喂小型猪。由于粗纤维含量较其他能量蛋白质高，故应控制喂量。草粉在小型猪日粮中可以占 20% ~30%，是冬季日粮重要的蛋白质、维生素和钙的来源。

（五）矿物质饲料

猪采食饲料主要是植物性饲料，然而植物性饲料所含矿物质无论数量还是比例，与猪的营养需要都很不相适应，必须另外补充矿物质。食盐、钙、磷为常用的矿物质饲料，而微量元素则通过矿物质营养添加剂供给。

1. 食盐

大多数植物性饲料含钠、氯很少，故常用食盐补充，一般占日粮的 0.3%。

2. 钙磷饲料

猪常用的钙磷矿物质饲料有骨粉和磷酸氢钙。石粉中仅含有钙，不含磷。骨粉或磷酸氢钙占日粮中用量的 1.5% ~2.5% 时，可以满足磷的需要，在生长肥育期的日粮中还要添加 0.5% ~1% 的石粉，可满足钙的需要。

3. 微量元素添加剂

在完全的平衡日粮中，还要补加铁、铜、锌、锰、钴、硒等微量元素。所添加的微量元素都是相应的盐类。常用的微量元素化合物有硫酸亚铁、硫酸铜、硫酸锌、硫酸锰、硫酸钾、氯化钴、亚硒酸钠等。

## 二、营养需要

按饲养工艺要求，根据小型猪所处的不同生理阶段和生产目的，可划分为后备空怀母猪、妊娠母猪、哺乳母猪、哺乳仔猪、断奶仔猪、生长猪。各类猪的营养需要各具规律性，合理地配制日粮，科学地饲养，充分地满足其营养需要，就可以挥其生长潜力，提高生产效益。

（一）后备空怀母猪

准备配种母猪包括后备母猪和断奶后的成年母猪。由于后备母猪处于生长发育阶段，需要大量的营养物质，这一阶段及以后的妊娠哺乳性能都有重要影响，尤其要重视质优量足的蛋白质的供给。因为蛋白质养分是产生卵子的主要营养物质。因此，在后备母猪的生长全过程需喂以平衡日粮，以促使后备母猪生殖系统的正常发育，保证提早达到初配日龄和体重。在配种期间，按照饲养标准喂给能量、蛋白质、氨基酸、矿物质、维维生素平衡的优质饲粮，可以促进排卵。在配种后应调整饲料组成，或降低饲喂量。

经产母猪断奶后，由于经过高度紧张的哺乳阶段，消耗掉大量的体组织和体力，需要尽快恢复，以缩短断奶后重新发情配种的时间，提高排卵率，同样需要供给营养全面的平衡日粮，不仅要考虑蛋白质的数量，而且要重视质量，否则会减少排卵数，影响卵子的发育和降低受胎率。母猪对钙的供给不足极其敏感，易造成受胎困难，产仔数减少。维生素 A、维生素 B、维生素 E 的给不足也会降低繁殖机能，造成不育。能量水平也影响排卵数。对于后备母猪饲粮营养水平，建议：消化能为 11. 2MJ/kg，粗蛋白 15%，赖氨酸 0. 65%，钙 0. 75%，磷 0. 54%。

饲粮结构可以增加青粗饲料的比例，减少精料饲喂量，青饲料可占 20%。

（二）妊娠母猪

妊娠母猪的主要特点是：随着妊娠期的增长，母猪体重增加，代谢增强。这种体重的增加在妊娠前期较慢，中期较快（40～80 天），妊娠后期更快。体重增加的内容一部分为子宫内容物（包括胎儿、胎水、胎衣等），另一部分是营养物质储备，和青年母猪本身生长发育的增重。

据测定，母猪在妊娠期间，无论是母猪本身的增长还是胎儿体组织的化学成分，都是妊娠前期慢，后期快。根据这一特点，妊娠期的营养可划分为两个关键时期：第一个关键时期为配种后10～40天，这个时期是受精卵移至子宫角形成胎盘期。由于受精卵没有保护物，其选择性很容易受外界条件影响，尤其是饲粮营养不完善，如蛋白质不足或氨基酸不平衡，缺乏某些重要的维生素和微量元素，很容易造成胚胎发育中止，因此，应特别注意饲粮的营养平衡，保证质量。第二个关键时期是妊娠后期(80～110天)，胎儿生长发育特别迅速，仔猪体重的60%～70%是在妊娠后期20～30天增长的。胎儿的营养物质的沉积量十分迅速。因此，妊娠母猪对饲粮的营养物质不仅在质量上，而且在数量上要求十分严格。

为了保证胎儿在母体内的正常发育，提高仔猪的初生重量，在妊娠期间应为母猪提供充足的蛋白质、维生素、矿物质。值得注意的是，妊娠母猪对矿物质、维生素的需要量和种类与其他猪不同。在饲粮中添加普通的复合维生素，不一定能最好的提高母猪繁殖性能。因此，应特别重视重要维生素。如：叶酸、核黄素、胆碱和矿物质元素中钙和磷的供给。

妊娠母猪对粗纤维的消化能力较强，故喂给的青粗饲料以适当多一些，如优质的青绿多汁饲料、优质牧草、紫花苜蓿等。

妊娠母猪饲粮营养水平建议量为：消化能11.09kJ/kg，粗蛋白13%～14%，赖氨酸0.65，钙0.7%～0.8%、磷0.60%。

(三) 哺乳母猪

哺乳母猪在哺乳期间，除了维持本身生命活动所需营养需要外，每天还需要产乳4～6kg。在短短的35天哺乳期内，每头母猪可产乳150～210kg。与其他家畜相比，猪乳最浓，干物质多，脂肪含量高，蛋白质也多。因此，哺乳期的营养需要比妊娠母猪高得多，只有供给量多质优的营养物质，才能保证哺乳母猪的高泌乳力和高的繁殖潜力。这是哺乳母猪营养需求特点。因此，哺乳母猪的饲粮结构应以精料为主，适当搭配优质青饲料，在保证营养的情况下，注意消化性和适口性。哺乳母猪的营养水平的建议量为：消化能 12.14kJ/kg，粗蛋白 16%，赖氨酸 0.65%，钙 0.75%，磷 0.55%。

（四）仔猪

从出生到断奶的幼小仔猪称哺乳仔猪。断奶至 70 日龄小猪称断奶仔猪。仔猪断奶时间不同，一般为 4～8 周龄不等，体重为 3～5kg。此阶段仔猪具有特殊的生理特点。

1. 相对生长速度快，物质代谢旺盛

仔猪出生体重不到 0.5kg，到 5 周龄断奶时体重为 3kg，为初生重的 6～7 倍。其物质代谢，特别是蛋白质和钙磷的代谢比成年猪高数十倍。因此，仔猪对营养物质的需要无论质量还是数量都要求很高，对营养不平衡反应敏感。

2. 消化器官不发达，消化机能不完善

仔猪的消化器官在胚胎期已形成，但重量和容积小，机能不完善，如 20 日龄前，胃腺中缺乏游离盐酸，胃液的分泌间断的，只有饲料直接刺激胃壁胃液才分泌。胃液中有很少量的蛋白酶，由于没有游离盐酸，不能使其激活，故没有消化乳蛋白的能力，主要靠小肠内的肠液和胰液来消化，肠液中乳糖酶活性很高，而蔗糖酶和麦芽糖酶活性很低，因此，出生仔猪可以充分利用乳糖，而对果糖、蔗糖、木糖等糖类消化率很低。新生仔猪含有较高量的胰脂肪酶，但由于胆汁分泌少，不能激活，所以，对脂肪的消化吸收也受到限制。

3. 缺乏先天性的免疫力

仔猪靠吃初乳把母体的免疫抗体传递给仔猪，并逐步过渡到自体产生抗体而获得免疫力。初乳中免疫球蛋白的含量很高，但下降也很快。仔猪 10 日龄后才开始产生免疫球蛋白，30 日龄前

数量也很少，因此，仔猪很容易得下痢病。

根据以上仔猪的消化生理特点，哺乳仔猪的营养需要也会表现出不同的特点：仔猪生后3周，由于仔猪相对增重高，而胃容积小，多种消化酶活性不足，此阶段仔猪要求高营养、易消化、免疫力强的饲料。此间，仔猪营养来源主要靠母乳，每只仔猪可以从母乳中获得140~200g的乳中固体物，除铁外，其他营养物质可满足增重的需要。

3~5周龄的仔猪，正处于免疫力缺乏的乳料转换时期，消化系统正在发育过程中，离乳初期，很难适应固体饲料。此时，仔猪营养的来源由乳过渡到吃料，因此，要求饲粮的能量蛋白质高，质量好，维生素、矿物质要平衡。5~9周龄的断奶仔猪，消化酶系统已基本发育完善，自身免疫力增强，生长速度迅速。要求饲粮适口性好，易于消化，营养全价且具有抗病性，保证正常的生长需要量，为下阶段猪生长打下良好基础。建议正常水平需要量为：消化能12.56kJ/kg，粗蛋白17%~18%，赖氨酸0.64%~0.75%，钙0.75%~0.85%，磷0.55%、锌0.65%。

（五）生长猪

由于生长猪在发育的时期表现出不同的发育规律，因而营养需要的重点也不同。在生长初期，骨骼发育迅速，骨架是生长重点，稍后生长重点转移给肌肉，直到成年脂肪才会变为重点。也就是说，生长阶段主要是骨骼和肌肉的生长，这一规律决定蛋白质和矿物质是生长猪需要的重点。因此，给全价平衡的营养，具有重要意义。由于小型猪生长慢，加上其用途要求体重小，所以在营养供给上不能追求以增重为目的，必须限制在不影响正常生长发育的前提下适度增重。因此，饲粮结构在保证骨骼、肌肉生长重点的前提下，要适当控制能量，增加青粗饲料的比例。其营养需要建议量为：消化能为11.28~12.18kJ/kg，粗蛋白14%~16%，赖氨酸0.65%~0.7%，钙为0.75%，磷为0.55%。

### (六) 种公猪的饲粮

为保障产子率及产仔头数，要给予种公猪营养全面、均衡的饲粮。种公猪每次配种时精液量大、总精子数多、交配时间长，因此，特别需要氨基酸平衡的动物性蛋白质。形成精子的必需氨基酸有赖氨酸、色氨酸、胱氨酸、组氨酸、蛋氨酸等，其中，以赖氨酸最为关键。

种公猪的营养需要与其配种使用强度有关。实行季节产仔的猪场，种公猪的饲养分为配种期与非配种期。配种期饲粮营养水平要高于非配种期，使种公猪在配种期间保持旺盛的性欲和良好的精液品质，提高母猪受胎率及产仔头数。而在非配种期，适当降低营养水平，使之保持一定的膘情，避免过于肥胖。种公猪的饲养标准配种期可参考哺乳母猪，非配种期可参考妊娠母猪。也可以在配种期与非配种期饲相同的饲粮，通过控制采食量达到相同的目的。种公猪的饲料严禁有发霉变质和有毒饲料混入，另外，饲料要有良好的适口性，还要注意饲粮的体积不能过大，防止公猪腹大影响配种，饲喂方式以湿拌料日喂3次为宜。

## 三、小型猪饲料配制技术

### (一) 猪生命周期的划分

猪的生命周期一般可分为：出生前、哺乳期、生长肥育期以及成长和繁殖期，每一时期又都有它独特的营养需要。在小型猪生长中，根据其生理特点和生长目的，可把猪群具体划分。

(1) 哺乳仔猪。指仔猪出生至断奶阶段。由于断奶日龄3～5周龄不等，故哺乳期长短不一，生产中常用5周龄断奶体重约为0.5～2.5kg。

(2) 断奶仔猪。仔猪断奶至70日龄阶段，体重约为2～5kg。

(3) 生长猪。仔猪70～120日龄阶段，体重为5～16kg。

（4）后备种猪。4～6月龄，体重为15～25kg。

（5）妊娠母猪。怀孕到分娩约114天，初产母猪体重为30～35kg，经产母猪体重为35～40kg。

（6）哺乳母猪。从分娩到仔猪断奶，约35天。

（7）种公猪。繁殖用的公猪，体重为25～30kg。

（二）饲粮类型及推荐配方

根据猪体组成、消化生理特点，以及不同生长目的，适用不同的饲粮，其类型大体分为：乳猪料（出生至5周龄），保育料（5～10周龄），生长猪料（10～17周龄），空怀、妊娠母猪料（后备、妊娠、空怀母猪），哺乳母猪料（分娩至仔猪断奶后）。

1. 乳猪饲粮

乳猪饲料适用于仔猪哺乳期补料用。根据哺乳期仔猪消化生理特点和奶料过渡时期特点，乳猪饲粮必须具备营养性、适口性和抗病性的统一。所谓营养性是饲粮必须营养全价、平衡，满足仔猪的能量、蛋白质、纤维素、矿物质的营养需要。饲粮中要求营养水平为消化能11.12～12.59kJ/kg，粗蛋白17%～18%，赖氨酸0.75%，钙0.75%～0.85%，磷0.55%～0.65%，微量元素和维生素按需供给。

适口性指配制的饲粮加工精细，多种搭配，香甜可口，仔猪爱吃，能促进食欲，增加食量，最大限度地满足生长的需要。

抗病性是指饲粮中必须添加非营养性抗生素，提高仔猪抗病力，防止下痢，促进生长。营养性、适口性和抗病性保证的统一整体，不可偏废，不可强调一方而忽视另一方。营养性是基础，适口性和抗病性是保证条件。

2. 仔猪饲粮

仔猪饲粮适用于乳猪断奶后饲用。

仔猪断奶后，生长所需营养完全靠采食饲粮而获得。仔猪消化能力还不十分健全，饲粮的营养好坏直接影响仔猪健康。所以，此阶段饲粮要求营养全面、完善，适口性要好，易于消化。建议饲粮营养水平为：消化能 11.12～12.59kJ/kg，粗蛋白 17.0%，赖氨酸 0.7%，钙 0.75%，磷 0.5%。

3. 生长猪饲粮

生长猪正处于生长发育最旺盛的时期，饲粮营养必须满足其骨骼、肌肉生长的需要，而骨骼的生长与磷有关，此时添加矿物质营养具有突出的重要意义。如果骨骼疏松，严重时会发展成为软骨病和佝偻病。饲料中的蛋白质是形成肌肉的主要原料，饲粮蛋白质的质量和数量，直接影响猪体内蛋白质的消化和生长发育。此外维生素和微量元素也要保证。

在生长期间，其营养水平为：消化能 11.70～12.10kJ/kg，粗蛋白 14%～16%，赖氨酸 0.65%～0.70%，钙 0.75%，磷 0.5%～0.6%。

4. 妊娠母猪饲粮

母猪妊娠后期，由于妊娠代谢加强，加之胎儿前期发育慢，所以，对营养物质的需要在数量上相对减少，饲粮中青粗饲料搭配可以多些。饲粮的营养水平在满足胎儿生长需要的前提下满足母猪适度增长即可。此时，如营养过分，会造成母猪过肥，降低繁殖性能。相反，如果营养不足，不仅影响产仔数和初生重，而且影响哺乳期的泌乳性能。

其营养水平控制在消化能 10.88～11.28kJ/kg，蛋白 13%～14%，赖氨酸 0.6%，钙 0.7%～0.8%，磷 0.55%～0.65%，每日每头采食量可以控制在 1.5kg 以内。

5. 哺乳母猪的饲粮

哺乳母猪所需营养物质比妊娠母猪高，因为，产乳供给胎儿营养要。哺乳母猪除本身的生命活动需要营养每日还要产乳 4～6kg。乳的质量和数量取决于母猪采食的量及提供乳所需的营养物质。饲粮的营养水平建议为：消化能 11.14～12.56kJ/kg，粗蛋白16% ~17%，赖氨酸0.6% ~0.70%，钙0.70% ~0.75%，磷0.50% ~0.60%，其每头母猪采食量根据产仔数多少和母猪体况，一般在1.5 ~2.0kg。

## 第二节　小型猪饲养管理技术

### 一、仔猪饲养管理技术

要养育好哺乳仔猪，应该从仔猪的接产开始，随后就是保证仔猪及时吃到初乳，并做好仔猪的保温、防压和开食等项工作。

（一）哺乳仔猪的饲养管理

仔猪的体重与营养需要与日俱增，母猪的泌乳量于产后10天开始下降。如不及时补料弥补营养的不足，就会影响仔猪正常生长。及早补饲可以锻炼仔猪的消化器官及消化机能，促进肠胃发育。因此，给仔猪补料宜在3周左右。

仔猪最重要的是补铁。仔猪每日生长约需铁7mg，而猪乳中含铁量很小，仔猪从母乳中每天仅能获得不到1mg的铁，而给母猪补饲含铁丰富的饲料，也不能提高乳中的含铁量，因此，必须给仔猪补铁，否则，仔猪会因缺铁而导致贫血，食欲下将，被毛散乱，皮肤苍白，生长停滞和血痢等，严重时可导致死亡。

补铁的方法很多。

（1）铁铜合剂补饲法。仔猪生后3日起补饲铁铜合剂。

（2）铁钴合剂注射法。仔猪生后3日采用肌肉或皮下注射右旋糖酣铁钴合剂。

（3）矿物质添加剂。为了满足仔猪对多种矿物质和微量元素的需要，在仔猪生后第5天起，可在仔猪补饲间放置盛有石粉、食盐、木炭末、红土和新鲜草根土拌上铁铜合剂，任其自由舔食。

近年来，人们注意到硒的补充，一周龄补充亚硒酸钠0.5ml，断乳时再注射1次。对已吃料的仔猪，按每千克体重补料中添加65～125mg的铁和0.1mg的硒，即可防止铁硒缺乏。3～5日龄起应给仔猪补充饮水，仔猪生长迅速，代谢旺盛需水较多。如有自动饮水器为最好。

（4）补料。仔猪在3周龄可开始补料，以训练仔猪开食补料的目的除补充母乳不足、促进肠胃发育外，还有解除仔猪卧床发痒和防止下痢的作用。仔猪开始吃食的早晚，与仔猪体质，母猪的泌乳量、饲料的适口性及诱导训练的方法有关系。

（5）开食。训练仔猪开食的方法要灵活，如母乳充足，仔猪开食往往较迟，就须采用多种方法诱导，务必使仔猪在3周龄内能正式采食，以争取于6周龄断奶。

小型猪除做试验动物外，是供应高档饭店烤乳猪的最佳原料。一般仔猪断奶后即可达5～8kg，已能满足饭店烤制乳猪的需求规格，即可屠宰，送往饭店。故而小型猪仔猪没有育肥阶段。这对饲养户来讲是极其有利的。

（二）哺乳仔猪的培育技术

（1）保证哺乳仔猪吃足母乳。仔猪出生后其营养的唯一来源是母乳，只有吃足母乳才能保证其生长的营养需要，随着日龄和体重的增加，需要母乳量增多，但母乳分泌量21～25日龄达高峰，以后逐渐减少。因此，为了保证正常生长，单靠母乳是不能满足仔猪营养需要的，这就需要给仔猪及时补料。

（2）狠抓补料。仔猪补料应早，实行早期补料，一方面可以锻炼仔猪的消化机能；另一方面可以补充母乳营养不足；青绿饲料、矿物质饲料和维生素饲料。在补饲过程中，饲料应注意由粒料到粉料，由少到多循序渐进。青绿多汁饲料应切碎或打浆与精料拌混，矿物质饲料要打碎、拌匀，特别应重视铁、铜等微量元素的补充。

## 二、肥育猪饲养管理技术

生长猪的饲养技术

要根据生长猪生长快的营养需要特点，合理配制日粮。

（1）科学地调制饲粮。为了提高适口性，提高饲料的利用效率，对青粗饲料常采取切碎打浆生喂，以缩小体积，减少浪费，对于精料，除粉碎外，还要进行配合，调制成各种形态，如颗粒料、干粉料、湿拌料和稀料。目前，生产中，常有干粉料和湿拌料两种。

（2）饲喂技术。在猪的饲养中，常采用自由采食和限量饲喂两种。自由采食是指猪槽中放有足量的全价配合饲料，让猪任意采食，自由饮水，而限量饲喂是有意识地控制喂量，一般控制在自由采食的80%或在饲粮中加入难以消化的纤维质饲料，以降低能量浓度，控制能量蛋白的采食量。对于小型猪生长期，根据其用途，饲喂方法灵活采用，如作为试验动物可采用限量饲喂，以降低增重，如作为烤乳猪，可以采用自由采食，以提高增重速度。至于饲喂次数以日喂2、3次为宜。

## 三、种猪饲养管理技术

母猪的饲养管理

母猪的整个繁殖周期可分为空怀期、妊娠期和哺乳期等不同的生理阶段。要养好母猪，就要根据这3个时期不同的生理特点，采取不同的饲养管理措施。

1. 母猪在配种前的饲养管理

配种前的经产母猪，由于上一胎怀孕、哺乳，母猪消耗大，一般体质均很瘦弱；又因从断奶到配种间隔的时间不长想在配种前数天内恢复体质是比较困难的。因此，在上一个哺乳后期要保持母猪适当的营养，不使其太瘦弱，这样在断奶后4~7天内可正常发情受胎。如果在上一次的哺乳后期营养水平太低，母猪消耗本身的贮能太多，生殖机能得不到恢复，断奶后就会长期不发情，以致耽误配种。

配种前的后备母猪一方面身体尚处在生长发育阶段，同时，也是性机能成熟的时期，激素及生殖器官均处在发育的旺盛阶段。如果不掌握这些特点，适时采取有效的饲养管理措施，不仅身体生长发育要受影响，生殖器官和生殖机能的发育也会受到影响。以上这些生理上的特点是关系到母猪正常发情、受精的关键，是饲养母猪必须掌握的。过肥均可影响繁殖，以保持七八成膘较好。

对配种前的母猪可合栏饲养，后备母猪 3 ~ 5 头一栏，怀孕母猪 2 ~ 3 头一栏；如果栏圈宽裕，也可单栏饲养，这样对仔猪有好处。配种前的母猪日粮可以以青、粗饲料为主，青饲料因多汁饲料含蛋白质、维生素和矿物质比较全面而平衡，对排卵数量、卵子质量、排卵的一致性都有好处。

配种前母猪每日喂 3 次，圈舍装有自动饮水器，保证能喝到清洁干净的水。每头母猪每日饲喂精饲料的数量应在 1kg 左右，个体不同时应稍有加减。冬季气温低，饲喂量可适当增加。

阳光、运动和新鲜空气对促进母猪发情和排卵有很大影响，因此母猪在配种前应加强运动和增加舍外活动的时间。舍内要经常保持清洁。

注意观察发情是配种前母猪饲养管理工作中一项不可忽视的工作。后备母猪一般在 3 月龄就表现发情症状，5—6 月龄可以接受交配并能受胎。经产母猪一般在仔猪断奶后 4 ~ 7 天发情。对后备母猪的发情应注意观察，并记录其初情期、发情持续时间，发情周期的长短以及发情的表现。对经产母猪应根据前几胎发情配种的情况，从断奶后 3 天即注意观察其发情表现，以免空配。母猪在预计的时间内不发情，除饲养管理的原因外，也可能由于生殖器官的疾病或生殖机能障碍所造成。所以，应从改善饲养管理和积极治疗人手，切不可长期等待其发情，从而导致长期空怀。

2. 母猪在妊娠期的饲养管理

妊娠后期。在妊娠前期，由于胎儿的绝对增重很小，加上前期激素的影响，母猪处于合成代谢状态（同化作用大于异化作用），每天从饲粮中摄入的营养除小部分供给胎儿生长发育之外，主要用于增加本身的体重，作为妊娠后期和哺乳期的营养贮备。但是母猪在妊娠期的增重不是越多越好，初胎母猪因为尚处在生长阶段增重多一些，经产母猪增重少一些。因此，妊娠前期的营养需要以高于维持需要的 10% ~20% 较合适。蛋白质应保证必需氨基酸的平衡，并注意维生素和微量元素的供应。妊娠后期，由于胎儿生长发育的速度加快，胎儿出生重量的 80% 在此阶段形成，每天需要的营养剧增，而此时因胎儿占据了母猪腹腔较大的容积，每次喂食量不能太多，加上胎儿构成体组织对营养物质的利用效率很低，因此，每天从饲料摄入的营养不能满足胎儿生长发育的需要，母猪必须分解自身在前期积累的营养供胎儿生长发育。此时，母猪处于降解代谢状态。为保证胎儿的生长发育不受影响，妊娠后期母猪的营养水平应高于妊娠前期。

对于断奶后体质较弱的经产母猪，它们经过前一胎妊娠哺乳，体力消耗很大，而在本次妊娠期内又要担负胎儿发育营养供应。如果在妊娠初期不加强营养，使体质迅速恢复，就可能在分娩前使胚胎有较多的死亡。妊娠后期是胎儿迅速发。时期，需要的营养较多，所以在妊娠初期和妊娠后期都应营养好一些。妊娠中期母猪体况好转，营养水平低一些不会有太大影响，因此，应主要抓住配种前后和妊娠后期，适当照顾妊中期。具体做法是：配种前 10 天和配种后的 20 天共计 1 个，形成高 - 低 - 高的营养水平。但妊娠后期饲料的营养水平应该高于妊娠前期，大体是妊娠前期每天喂精饲料 1kg 左右，后期每天饲喂 1.5kg 左右。

对于初配母猪和哺乳期配种的母猪要采取逐渐增加精料缓慢重的方式饲喂。初配母猪本身尚处于生长发育阶段，哺乳期母猪，既要负担哺乳，又要供应胎儿生长发育的需要，消耗营养较多。因此，在整个妊娠期内应根据胚胎的发育过程，逐步提高母猪的营养供应，到分娩前一周达到高峰。具体做法是妊哌初期以青粗饲料为主，以后逐渐增加精料的比重，并注重蛋白质和矿物质饲料的供给，到产前一周再减少精料 10% ~20%，以免母猪产后泌乳过高，造成仔猪下痢及乳房炎。

对于配种前体况较好的经产母猪，要采取前粗后精的方式，因为，母猪体况较好，妊娠前期胎儿增长又不快，而且母猪处于合成代谢状态，因此，妊娠前期可以以青粗饲料为主，到妊娠后期逐渐增加精料的比重。

妊娠期母猪对饲料的要求是质地优良。发霉腐败、冰冻、有毒性的饲料均不能使用，否则会引起流产。饲料不要频繁更换或突然改变，以免引起消化器官不适应。每天要保证充足、新鲜的饮水；饲槽每天要清洗干净，并定期消毒。

妊娠母猪的管理工作应以保胎为主。妊娠的前一个月应该让母猪吃好，休息好，少活动，因为，这个时期是胚胎着床和恢复体力的时期。1 个月之后，为了增强其机能和促进血液循，每天应有足够的活动时间。妊娠母猪舍要做好防暑降温和防寒保暖工作。母猪舍内最低温度不能低于 10℃；特别是水泥地面，它易使母猪受凉，导致子宫收缩而流产。虽然小型猪在北方经过了七八个世代系统选育和风土驯化，但仍要注意冬季的防寒保暖工作。

对妊娠母猪切不可惊吓和鞭打，跨越水沟和门槛要防止拥挤滑跌。妊娠前期可 2、3 头母猪合栏饲养，妊娠后期则宜分栏饲养。

对临产母猪应于产前一周调进产房，单圈饲养，便于管护，根据预产期和母猪乳房变化情况，进行临产前的护理。母猪分娩多在夜间，应有专人值班。要经常观察母猪表现，做好接产准备。一般情况下，母猪分娩不须助产，但须有人在旁照顾。当母猪破水后第一头胎儿产出时，接产人员应迅速掏掉仔猪口鼻内黏液，将仔猪全身抹干，并进行断脐。一天之后再进行称重、打耳号记录。在生后2小时内让其吮吸初乳。母猪分娩完毕，要立即处理产圈并铺以干净垫草，让母猪充分休息。

3. 妊娠母猪的饲养技术

配制日粮时，必须把住两个关键时期的特点：即妊娠前期日粮结构以青、粗饲料为主，精料比例不超过40%，可以投喂容积大的优质青粗饲料；妊娠后期，日粮中精饲料可占60%～70%，少喂青粗饲料，减少饲粮的容积。另外，要严禁饲喂发霉、腐烂变质、冰冻有害以及有强烈刺激性的饲料。

饲喂量要严格控制，实行限量饲喂，每日投料约1.5kg，切忌喂得过肥，否则会降低繁殖性能和造成难产。在生产中通过控制增重来控制喂量，对小型猪来说，以增重15kg为宜。

4. 推荐妊娠母猪饲喂制度

在妊娠的1～80天，每日每头饲喂：1.0～1.3kg全价饲料。在妊娠后期，即妊娠81～110天，每日每头饲喂：1.3～1.5kg全价配合料+青饲料适量；110天至分娩，每日每头饲1.0～1.2kg全价配合料+少量青饲料。

5. 哺乳母猪的饲养管理

饲养哺乳母猪的中心任务是提高产乳量和乳的品质，使仔猪能正常生长发育，保证有较高的断奶成活率。一般母猪的产乳力越高，仔猪的断奶成活率也越高。此外，还要保持母猪具备一定的体膘和青年母猪本身的生长发育，断奶后能正常发情。

产仔后，在母猪泌乳的维持和放乳过程中，神经起着重要的作用。因此，对哺乳母猪的管理应保持环境安静，避免外界刺激。全期泌乳量的变化，一般在分娩后泌乳量逐渐增多，至产后20天左右达到高峰，以后又逐渐下降。泌乳次数前期要多于后期。

母猪的泌乳量受一些因素的影响，如胎次、品种、窝产仔数和哺乳期间的饲养管理等。

（1）胎次。在一般情况下，初产母猪的泌乳力低于经产母猪，因为初产母猪的乳腺发育尚不完全，又缺乏哺乳仔猪的习惯，对于仔猪吮乳的刺激经常处于兴奋或紧张状态，排乳较慢，到第二胎时才上升，以后保持一定的水平，六七胎以后逐渐下降。

（2）品种。小型猪的泌乳力当然比不上大型肉猪，但因产仔数少和猪体重小，所以，还是能满足仔猪生长发育的需要。经过多年系统选育，小型猪的繁殖力已有很大提高。

（3）窝产仔数。一般窝产仔数多的母猪，其泌乳力也高，但每头仔猪每天吃到的乳量相对少一些。

（4）泌乳期的饲养管理。饲养水平和饲料的品质是影响泌乳量的主要因素。泌乳母猪如不能获得所需的营养物质，即使产乳性能高的猪种，其泌乳性能也不能充分发挥。管理工作，如：安静舒适的猪舍环境，适宜的温湿度和清洁卫生等，都可影响母猪的泌乳量。

母猪在哺乳期问要分泌大量的乳汁，其物质代谢比空怀母猪要高得多，因此，所需要的营养物质也就必然增加。对一些体质瘦弱的经产母猪，一般采用前精后粗的饲养方式。因为，哺乳的头一个月为泌乳旺季，不仅泌乳量大，而且母猪失重也较大。在此关键时期增加精料，既能满足泌乳的需要，也能补偿失重所需的营养。

对初产的哺乳母猪或哺乳期配上种的母猪，应采用一贯增强的饲养方式。因为，初产母猪本身尚未发育完全，哺乳期母猪有

泌乳和胎儿发育的双重需要，故整个哺乳期应保持较高的营养水平。

对泌乳不足或缺乳的母猪，只要不是由疾病引起的，可通过在饲料中增加蛋白质饲料和青绿多汁饲料，起到催乳的作用，不过对于每一头缺乳的母猪还要进行具体分析，找出缺乳或少乳的原因，采取有针对性的补救措施。如属于疾病性的问题，则请兽医治疗；属于营养性的问题，则应加强营养，实行人工哺乳。

小型猪的断奶日期一般应掌握在：夏秋季 6 周断奶，冬季 7 周断奶，还要具体情况具体对待。仔猪于 3 周时可补充仔猪哺乳料。

6. 哺乳母猪的饲养技术

（1）饲喂方式。哺乳母猪每日从乳汁中分泌大量的营养物质供应仔猪的需要，营养负担十分繁重。因此，哺乳期内哺乳母猪的体重下降，尤其是泌乳量高的母猪。为了保证正常泌乳减少体重的降低以及下个繁殖期的正常繁殖，对哺乳母猪应实行强化饲养。

（2）按标准配制日粮。日粮结构应以能量—蛋白饲料，哺乳初期占 85% ~90%，中期 80% ~85%，哺乳后期 70% ~80%，注意精、粗饲料的比例。前期精料比例占营养物 75% ~80%，以后逐渐增加青粗饲料。饲料要多样化，并相对稳定，以不变或少变为宜。

（3）饲喂技术。母猪分娩后，身体极度疲劳，体力减弱，消化机能也尚未恢复正常，宜饲以易消化的饲料，如谷实麦麸等，饲喂量要少，经过 3 ~4 天后过渡到正常喂量。

在泌乳的高峰期，应加强饲养，保证满足或超过泌乳营养物质的需要，以最大限度地提高母猪的泌乳力。为了提高采食量，应增加饲喂次数，以尽量吃饱为原则，饲料形态上，应以湿拌料和稠料为宜。

(4) 良好的饲喂制度举例。

分娩当日：饲喂适量的小麦麸皮粥，大量饮水。

分娩后第1日：0.5kg全价料，青料任食。

分娩后第2~5日：0.8kg全价料，青料任食。

分娩后第6~7日：1.2kg全价料，青料任食。

分娩后第8~32日：1.5kg全价料，青料任食。

分娩后第33日：1.2kg全价料，青料任食。

分娩后第34日：0.5kg全价料，青料任食。

分娩后第35日：不加全价料，青料任食。

## 四、种公猪的饲养管理

饲养种公猪的目的是用它配种，以获得数量多、质量好的仔猪。俗话说“母猪好，好一窝；公猪好，好一坡”，说明公猪对猪群生产力的影响很大。

在自然交配的情况下，1头公猪1年可配种30~50头母猪，按1头母猪平均年产仔15头计算，1头公猪1年可获450~750头仔猪。如果采用人工授精，则可获得更多的仔猪。

### (一) 影响种公猪配种能力的因素

种公猪配种能力的强弱，取决于两个因素：一是公猪的性欲；二是精液的品质。如果采用人工授精，则人工授精技术不会影响公猪的配种效果。

公猪性欲的强弱受很多因素影响，如年龄、营养、运动、调教、利用程度和饲养管理等。

年龄是影响公猪性欲的一个重要因素。一般青年公猪的性欲旺盛，小型猪的公猪在3周龄时便有爬跨表现，60日龄出现射精，配种日龄为175日龄，体重10~11kg。公猪在1~2岁时配种能力最强，2岁以后逐渐衰退而淘汰。

性欲的强弱受激素的影响，而激素分泌正常与否则与营养中取得的能量仅够维持正常生命活动，久而久之，不仅生长发育受到阻碍，激素分泌也会失调。激素分泌紊乱，当然就不能保持正常的性欲。维生素A、E对性欲有很大的影响，饲料中的磷也能影响性欲。因此，要使种公猪经常保持旺盛的性欲，日粮中的营养必须全面、平衡，能满足其生理需要。

（二）种公猪的饲养管理

公猪配种即使不采用人工授精也须进行调教。调教好的种公猪，能保持旺盛的性欲。如调教不好，经过第一次配种后就能丧失配种能力。青年公猪第一次配种时，与配母猪必发情旺盛，能接受公猪交配的。如果在母猪发情初期即令其交配，母猪会拒配而到处逃避。公猪达不到交配目的，就会形成条件反射而影响今后的性欲。因此，与第一次配种的青年公猪的母猪，最好是经产母猪，而且体格不宜太大。因为青年公猪体格小，公母猪体格相差太大会造成交配困难。青年公猪初次交配时性欲极强，见到发情母猪马上就爬跨，此时应将其赶下，让其与母猪多接触一些时候，互相闻一闻，如此反复3次才让其交配，这样不仅能激发公猪的性欲，而且对以后保持旺盛的性欲有好处。与初次利用的青年公猪交配的母猪，应该挑选皮毛光顺，膘体丰满的青年母猪，而以体态一般的母猪适宜，否则下次遇到体态一般的母猪或老龄母猪，公猪的性欲不强甚至拒绝爬跨。

公猪利用过频或长期不利用，均对性欲有影响。公猪交配过频，严重影响受胎和产仔数，且性欲大受影响。长期不用的公猪，会发生自淫现象，或嗜睡过肥而导致性欲下降。

种公猪饲养管理工作中影响性欲是非常值得重视的问题。影响性欲的因素比较多。

运动不仅可增强体质，促进消化，对性欲也有极大的影响。猪有贪吃、爱睡的习性，如果不加强运动，每天吃饱就睡，久而久之就会长得臃肿肥胖，性欲大大降低甚至完全丧失性欲。公猪的日粮中青粗饲料的比重不宜过大，否则会使公猪形成草包肚影响配种。

此外，配种场所应当安静，且不宜经常变动，经常在固定的地方交配，可以形成条件反射对增强性欲有好处。

公猪配种能力的强弱除受性欲的影响外，精液品质也是一个重要因素，精子密度的大小，活力的强弱，畸形精子的多少都与受胎率直接相关。

种公猪的饲养方式应根据全年配种任务的集中和分散来决定，母猪如实行全年分散产仔，公猪就要负担常年的配种任务。因此，全年都应均衡地保持配种所需要的营养水平。如果母猪实行季节性产仔。在配种季节开始前一个月就应给公猪逐渐提高营养水平，使配种季节保持较高的营养水平，配种季节过后降低营养水平，使公猪保持正常的种用体况。

种公猪在饲喂 2 小时左右后方能配种利用。要保持公猪体质健壮，提高配种能力，一方面在于喂给营养价值完全的日粮；另一方面要合理的管理。管理工作除平常注意圈舍清洁、干燥、阳光充足，为其创造良好的生活条件外，还要做好以下几项工作。

运动是增强机体新陈代谢、锻炼神经系统和肌肉的重要措施，合理的运动可促进食欲，帮助消化，增强体质，提高繁殖机能，一般要求上下午多运动几次，每次运动半个小时左右。

公猪应定期称重，根据体重变化。检查饲料是否适当，以便调整日粮，正在生长的幼龄公猪，要求体重逐月增加，不宜过肥。成年公猪体重应无太大的变化，经常维持中上等体重。

定期检查精液品质，以便从营养、运动等方面进行调节，如果精子密度降低，可能是饲料中蛋白质不足或配种次数太频繁。精子活力不好。可能是运动量不足够，如畸形精子增多，可能是配种间隔安排不当。针对不同情况采取相应的措施，应尽可能在短的时间内纠正过来，这是保证提高受胎率的重要措施。

为使公猪养成良好的生活习惯，要妥善地安排公猪的饲喂、饮水、运动、刷拭、配种和休息时间，使公猪按一定规律生活，不仅能增进公猪的健康，电能提高配种能力。

小猪一般采用单圈饲养，以减少相互间的干扰，比较安静，保证食欲正常，可避免互相爬跨和自淫的毛病。

种公猪要合理利用。合理利用包括每天配种次数，每次配种的间隔时间，公猪开始配种的年龄等。2 岁以上的公猪，最好每天交配 1 次，幼龄公猪只能 2～3 天交配 1 次。

(三) 公猪饲养技术

(1) 日粮结构。公猪应以精料为主。饲料结构根据配种负担而变动，配种期间的饲料中，能量饲料和蛋白饲料应占80%～90%，其他种类饲料占 10% 左右，非配期间，能量蛋白饲减少到 70%～80%，其余可由青粗饲料来满足。

(2) 饲喂技术。饲粮采食量应加以控制，每日饲喂应定时定量。一般体重小于 25kg 的，每日每头 0.9kg；25～30kg 的，1.1kg；30kg 以上的，1.5kg。饲料容积要促进公猪的食欲，增进消化。

## 五、后备猪的培育

后备猪就是准备留作种用的小公、母猪。培育后备猪的任务是要获得体格健壮、发育良好、具有品种的典型特征和高质量种用价值的种猪。

小型猪生长发育的特点：第一是生长速度缓慢，初生至 6 月龄平均日增重为 134g，初生至 120 日龄阶段，随日龄增加增重也随之提高。120 日龄以后，日增重逐渐下降，直至 240 日龄左右，稳定在一定水平上。生长强度表现为前期大于后期，具有早熟特性。第二是体型矮小，初生重仅 0.46kg，6 月龄体重仅有 24.6kg，体高 14cm，成年小型猪达到 50cm。

(一) 后备猪的饲养管理

后备猪切不可喂的过肥，以致失去种用价值，以满足生长发育的需要为原则，根据小型猪生长强度表现为前期大于后期的特点，养好断奶后头 2 个月的断奶仔猪，是培育后备猪的关键。

仔猪断奶到 6 月龄，应按照育种计划的要求对幼猪进行选择和组群。把体格健壮，发育良好，外形没有重大缺陷，乳头数在 5 对以上，分布均匀的幼猪留作种用，组成专群饲养管理，小公猪要求没有隐睾、单睾疝气等遗传疾病。公母分群饲养管理，“大猪要囚，小猪要游”。运动对后备猪是非常重要的，既可锻炼身体，促进骨骼和肌肉的正常发育，保证匀称结实体型，防止过肥或肢蹄不良，又可增强体质和性活动的能力。

后备猪也要按体重大小和体质强弱分群饲养。刚转入大猪群时，每圈根据体面积大小可饲养的头数，随着年龄增长逐渐减少每圈的头数。刚转群时每天喂 4 次，以后根据生长发育情况可改为每日喂 3 次。圈舍要保持干燥温暖，切忌潮湿拥挤，防止拉稀和皮肤病。

后备公猪的培育要比后备母猪困难些，不容易养好。公猪性成熟早，达到性成熟年龄时，会烦躁不安，经常互相爬跨，不好好吃食，生长迟缓，为了克服这种现象，最好当后备公猪达到有性欲要求的月龄以后，实行分圈饲养，加大运动量，这样不仅能促进食欲，锻炼体质，而且还可避免造成自淫的现象。

为了掌握后备猪的生长发育情况，每月应称重 1 次，在配种前应测量体尺，并统计其饲料消耗量。

应观察后备母猪的发情情况，记录初情期及发情表现，了解和记录了这些情况以后，就可以作为以后对这些母猪发育正常与否的依据和参考。

根据后备母猪的生长发育及发情情况对后备猪群定期调整，将一些发育不好和发情不正常的后备猪及时淘汰，这样可节省培育后备猪的费用。

（二）断奶仔猪的饲养技术

仔猪所需营养由母乳和饲料供给转为仅从饲料中获取，这种条件的改变，给仔猪一个应激刺激。往往仔猪会食欲下将，消化力减弱，所以饲料的适口性要好，营养平衡，易于消化吸收，饲料中应含有生长骨骼和肌肉所需的能量、粗蛋白、矿物质和维生素。断奶仔猪饲料应以精料为主，且种类多样化，能量饲料中玉米、大麦、高粱、蛋白饲料中豆类饼粕都是好饲料。断奶初期，饲喂量应有所控制，控制幅度以80%为宜。然后可以自由采食，饲料形态以粉料、颗粒料为好。

（三）生长猪的饲养技术

要根据生长猪生长快的营养需要特点，合理配制日粮。

1. 科学地调制饲粮

为了提高适口性，提高饲料的利用效率，对青粗饲料常采取切碎打浆生喂，以缩小体积，减少浪费，对于精料，除粉碎外，还要进行配合，调制成各种形态，如颗粒料、干粉料、湿拌料和稀料。目前在生产中，常有干粉料和湿拌料两种。

2. 饲喂技术

在猪的饲养中，常采用自由采食和限量饲喂两种。自由采食是指猪槽中放有足量的全价配合饲料，让猪任意采食，自由饮水，而限量饲喂是有意识地控制喂量，一般控制在自由采食的80%或在饲粮中加入难以消化的纤维质饲料，以降低能量浓度，控制能量蛋白的采食量。对于小型猪生长期，根据其用途，饲喂方法灵活采用，如作为试验动物可采用限量饲喂，以降低增重，如作为烤乳猪，可以采用自由采食，以提高增重速度。至于饲喂次数以日喂2、3次为宜。

## 第三节　养猪场设计与配套设施

由于小型猪具有体型小、惧寒冷、神经质、耐粗放的特点，我们的猪舍设计需要具备如下条件：经济适用、保温通风，自由运动、猪舍属半开放型；高燥排水性能好；同时，要便于防疫、生产运输、调控温度；在发生意外传染病的急性情况，还便于采取急救隔离措施。在开始引猪前一定首先对猪舍进行合理布局，本着少投资、效益快、因地制宜、科学适用的原则，考虑有关猪舍设计的几个关键环节，如场地选择，平面布局，房舍设计，建材结构，排污性能及附属设备等。

### 一、猪场场地的选择

场地选择直接影响生产的效益，它是养小型猪生产的关键，是猪场设计的重要部分，一个理想小型猪场场址应具备如下条件。

第一要地势高燥、排水良好和背风向阳：这是猪舍保温的基本条件。低洼地带因潮湿容易使小型猪患病。

第二要水源良好，水质合格：所用水源千万不能是污染水或旱井苦水，一定合乎畜禽饮用的卫生标准，水源一定充足，不能闹水荒而影响生产。

第三要土质坚实，渗水性强：猪场内不能一下雨便积水，从而影响正常作业生产。

第四要位置适中，远离居民区和其他畜牧场：在居民区的下风头，同时，距交通道不能太远，便于饲料及畜产品运输，减小运输费用，另还要考虑便于粪尿处理，环境清洁。

## 二、猪场布局

小型猪场的布局是否合理，关系到能否提高劳动生产效率，降低生产成本，增加经济效益。场内各建筑物的安排，应做到经济利用土地，各建筑物间联系方便，布局整齐紧凑，尽量缩短供应距离。一般把猪场分为生产区、行政管理区和隔离区。从上风头开始应按行政办公区→生产区→隔离区顺序建筑。把生产区的建筑简要地说明一下注意要点。生产区内一定分清清洁道和污染道。若规模小的场子，饲料库一般设在一角，运输车不入生产区内。公猪舍在上风头或一边建筑，兽医室也应设在偏风区一角。解剖室一定在下风头，离生产猪舍尽量远。

在猪场内重要猪舍间的路旁要种草植树，把环境绿化好，猪场绿化对改善场区小气候和净化空气有重要意义。绿化环境的气温比非绿化地带可降低10%～12%，植物光合作用可吸收$CO_2$放出$O_2$，场区绿化可使有害气体减少25%，尘埃减少35.2%～66.5%，恶臭减少50%，噪声减弱25%，空气中细菌数减少21.7%～79.3%。在猪场上风头也可种植一个宽的防林带。

## 三、猪舍的建筑结构设计

1. 猪舍结构设计的基本原则

猪舍是猪生活的场所，猪舍的环境不好，猪只不能适应或超过了一定的限度，其正常的生长就会受到影响，甚至发生死亡。所以，在兴建猪舍时，一定要根据猪生长发育的需要，遵循经济、适用、合理、先进的要求。一要符合生猪生物学特性要求：温度能保持在10～25℃，相对湿度保持在45%～75%，空气清新，光照充足；由于香猪胆小怕惊，容易逃跑，因此，要求饲养环境安静，光线不宜太强。二要适应当地的气候及地理条件：南方要以防暑降温为重点，北方要注意防冻保暖和通风换气。三要便于科学管理：符合专业化养猪的生产工艺流程。四要经济合理：综合考虑当地的土地、人力、水电、饲料、建筑、污染治理成本，立足长远，根据自身的经济实力，确定最适宜的生产工艺和饲养模式，做到环保、牢固、卫生、适用、冬暖夏凉、透光通风、干燥、便于清扫。

2. 猪舍的建筑形式

猪舍的建筑形式多种多样，按楼层结构可设计成单层猪舍、多层猪舍；按建筑结构又可设计为砖木结构、砖混结构、纯木竹结构等；按猪栏排列结构可设计为单列、双列、多列式；按对环境控制方式又可设计成敞开式、有窗式和密闭式。业主可根据自身的经济实力和需要进行选择和设计。

3. 常见猪舍框架的设计

（1）根据猪舍外部结构，介绍3种常见的框架设计。

①半敞式：两侧山墙砌到屋顶，前方、后方多为1.3m高的半截墙（开间交界处以砖柱或木柱支承人字梁），上方为通风口或用砖块砌成人字形的通风墙（窗），冬季挂上防风帘，可起到防寒的作用。此框架结构简单，投资少，受自然条件影响较大，以双列式猪舍居多。

②前敞式：由两侧山墙、后墙（开窗）、支柱和屋顶组成。结构简单，投资少，通风透光，排水好，但受自然条件影响较大，以单列式猪舍居多。

③有窗式：四方山墙完好，开间前后开窗，以人工控制供暖、降温、通风、换气，保温性能好，便于科学饲养和管理。

（2）根据猪舍内部结构，介绍3种常见的框架设计。

①单列式：猪栏排成一排，舍宽5～7m，长30～50m，墙高2.9～3.5m，开间3.5～4m，靠北墙设一走廊，与两侧大门相通，利于采光、通风、保温、防潮、空气新鲜，构造简单，维修方便。

②双列式：猪栏排成两列，中间设一通道，与两侧大门相通，舍宽9～15m、长30～60m、开间3～4m、墙高3～3.5m；双列式猪舍保温良好，管理方便，能有效地控制环境条件，提高劳动效率和养猪生产水平，利用率高。

③多列式：猪栏排成三列或四列，优点是运输线短，工作效率高，散热面积小，且容量较大而利于冬季保温。但构造复杂，采光不足，阴暗潮湿，建筑材料要求高，建议用于怀孕母猪及育肥猪。

4. 猪舍建筑的设计

（1）猪舍的平面设计。猪舍的平面设计根据场地和养殖的需要按单列、双列或多列式规划，中小型猪场种猪和生长猪舍建议全部采用双列式，种猪舍最好设计为双列式带运动场的。若资金充足、管理条件允许，可以设置母猪定位栏；生长育肥猪不提倡设运动场，以最大限度利用猪舍面积便于防寒保温。有条件的猪场育肥舍建议采用单列式设计。

（2）猪舍的基础设计。首先，基础要建立在稳定的实土之上，以免因沉降引发栏舍开裂和倾斜，基础宽应在0.5m以上，基础墙的顶部最好设防潮层（加二层厚塑料布也可），以防止墙壁及舍内潮湿。

（3）猪舍的主体设计。猪舍的主体最好采用砖木有窗结构，人字梁，屋顶最好采用三层封顶，上面用瓦，瓦下垫一层油毡，油毡下面垫上一层木板（篾垫、纤维板均可），以利于保温防漏。

（4）猪舍建筑材料的选择。猪舍建筑材料的选择要以因地制宜、就地取材为原则，多选择保温和隔热好的材料。墙体最好使用黏土砖，地面最好使用水泥地面、水泥漏缝地板，以耐用、平整、易于清洗和消毒为原则，总之就是要用最少的投入获得最大的经济效益。

## 四、猪舍内的主要设备

1. 猪栏

猪栏按其结构形式可分为实体猪栏、栏栅式猪栏、综合式猪栏。实体猪栏一般采用砖砌结构（厚度120mm、高度1.0～1.2m），外抹水泥或采用混凝土预制件组成。实体猪栏的优点是可以就地取材，投资费用低。缺点是占地面积大，不便于观察猪的活动，通风不良。栏栅式猪栏采用金属型材焊接而成，它一般由外框、隔条组成栏栅，几片栏栅和栏门组成一个猪栏。其优点是占地面积小，便于观察猪只，通风阻力小。缺点是投资较大。综合式猪栏是综合了上述两种猪栏的结构，一般是相邻的两猪栏隔墙采用实体栏，沿饲喂通道正面采用栏栅，这样就兼备了两者的优点。

根据猪栏内饲养猪的类别，猪栏可分为公猪栏、配种栏、母猪栏、分娩栏、培育栏、生长栏和肥育栏。栏舍总面积根据养殖香猪的数量而定。一般每头种猪有效圈舍面积为4$m^2$，运动场面积为3～4$m^2$。每头育肥香猪应占地0.8$m^2$，每个栏养8～10头为宜。且因香猪小而灵活，猪栏应比一般猪栏要稍高些，运动场地宜大些，以适应其好动习性。

2. 饲槽

根据养猪场的两种饲喂方式—自由采食和限量饲喂，饲槽也分为自由采食槽（自动食槽）和限量采食槽两种。

（1）自动食槽。在培育、生长、肥育猪群中，一般采用自动食槽让猪自由采食。自动食槽就是在食槽的顶部装有饲料储存箱，储存一定量的饲料，随着猪的吃食，饲料在重力的作用下，不断落入食槽内。因此，自动食槽可以间隔较长时间加一次料，大大减少了喂饲工作量，提高了劳动生产率。

（2）限量食槽。限量食槽用于公猪、母猪等需要限量饲喂的猪群，小群饲养的母猪和公猪用的限量食槽一般用水泥制成，造价低廉，坚固耐用。

每头猪所需要的饲槽长度大约等于猪肩部宽度，不足时会造成饲喂时争食，太长不但造成饲槽浪费，个别猪还会踏入槽内吃食，弄脏饲料。

3. 自动饮水器

猪舍供水方式有定时供水和自动饮水两种。定时供水就是在饲喂前后在食槽中放水，食槽兼水槽。这种供水方式的缺点不便于实现自动化，耗水量大，而且还容易造成水质污染，传播疾病等。自动饮水就是在猪舍内安装自动饮水器，使猪随时能喝到干净、卫生的水，有利于饲养管理和防疫。自动饮水器的种类有鸭嘴式自动饮水器、乳头式自动饮水器和杯式自动饮水器等，其中，鸭嘴式自动饮水器应用较广泛。

4. 仔猪加热器

在分娩舍为了满足仔猪对温度的较高要求，应为仔猪提供加热器，如配合保温箱使用效果更好。保温箱通常用水泥、木板或玻璃钢制造。典型的保温箱外形尺寸为 1 000 mm × 600mm × 600mm。常用仔猪加热器有远红外线辐射板、电热保温板和红外线灯等。

# 第三章　小型猪繁育技术

## 第一节　小型猪的引种

### 一、引种前的准备

1. 了解小型猪的体型

6月龄公小型猪体重10kg，体长50cm，体高33cm，胸围40cm，母猪体格略大，常规饲养4个月开始发情，6个月可配种，仔小型猪初生重0.5kg。

2. 注意当地环境

引进的小型猪必须符合当地人们生活消费水平和经济发展需要。同时要了解品种、气候、饲养管理等特点。学习必要的饲养管理方法，以便确定小型猪引入后的风土驯化措施。这样才能保证小型猪养殖效益。

3. 圈舍准备

尽可能在隔离舍饲养引进的种猪，但隔离舍必须保证干净，最好是从来没有装过猪，或者应把隔离舍彻底清洗、消毒、晾干后再进行引种。

进猪前饮水器及主管道的存水应放干净，并且保证圈舍冬暖夏凉。

4. 饲料及药品准备

准备一些药物及饲料，药物以抗生素为主（如痢菌净、支

原净、阿莫西林、土霉素、爱乐新、氟苯尼考等），预防由于环境及运输应激引起的呼吸系统及消化系统疾病。最好从厂家购买一些全价料或顶泥料，保证有一周的过渡期，有条件的可准备一些青绿多汁饲料，如胡萝卜、白菜等。

## 二、小型猪的选择

小型猪每个品种都有各自的优点和缺点。因此要根据养殖的目的和饲养环境的不同，来选持适合当地条件的小型猪品种。

1. 要注意从正规的原种场或养殖场引种

真正可靠的小型猪养殖场，多数是经国家或省（市）有关部门认定单位。这些单位，一般不会欺骗客户，从中可以引到较为标准的小型猪。相反，那些没有国家法定部门认可的冒牌“公司”，多数达不到小型猪品种标准要求。因此，绝对要选择适度规模、信誉度高、有《种畜生产经营许可证》、有足够的供种能力，且技术水平较高的场家。

（1）选择场家要把种猪的健康放在第一位，必要时在购种前进行采血化验，合格后再进行引种。一般建场时间短，并且种猪来源于国外的疫病较少。

（2）种猪的系谱要清楚。

（3）选择售后服务较好的场家。

（4）尽量从一家猪场选购，否则，会增加带病的可能性。

（5）选择场家应先进行了解或咨询后，再到场家与销售人员了解情况，切忌盲目考察，以免看到一些表面现象，看到的猪可能只能只是一些“模特猪”。

2. 注意引种季节

小型猪引种时最好在春末。气温逐渐降低的情况下度过秋冬季节，经过温暖的夏季。并要求入冬后做好防寒工作，逐渐适应当地的自然条件。

3. 要引入适龄的小型猪

如果作为生产商品小型猪，要特别注意引入猪种的年龄。一般最好选择4月龄左右的幼猪作种，因为，幼龄阶段的小型猪，具有较强的适应性，容易适应外界环境条件的变化，而且能达到性成熟，按时进行配种繁殖。

4. 注意种小型猪的选择

（1）符合品种标准。小型猪的体质、外形、体重、繁殖力、抗病力要符合品种的标准。

（2）外表。不论饲养什么品种的小型猪，都要体态端正，体形流畅，膝距适中，发育良好，肩臀丰满，口齿整齐，毛被顺畅。

（3）公小型猪。要选择性欲强，生殖器官无缺陷，精力充沛，性情温顺的个体。

（4）母小型猪。要选择母性好，产仔多，泌乳能力强的个体。在人工养殖的条件下，一般母小型猪每年发情2次或两年发情3次。

5. 种小型猪的选择内容

（1）精神状况。健康状况是选择小型猪的主要内容，如果有病或有某些缺陷，其品种再好也不能选。健康状况的检查主要有以下几个方面。

（2）精神状态。健康的小型猪活泼好动，反应灵敏。对于精神沉郁、呆头呆脑、对外界刺激反应迟钝的，有病或有生理缺陷的小型猪不能选为种用。

（3）皮肤。选择种小型猪的皮肤要柔软而有弹性，毛被松散而有光泽。皮肤干燥，弹性差，被毛粗乱、杂硬或有寄生虫、癖斑、溃烂等不宜选作种小型猪使用。

（4）肛门。选择种小型猪的肛门紧缩，周围清洁无异物者。对于肛门松弛，周围污秽有可能患有疾病的，要慎重选择。

（5）选优去劣。当从幼仔中选择种小型猪时，首先，应查看幼仔父母的健康状况，有无不良的遗传网素；其次，在同一窝中，要选择遗传基因较好的、身体健壮、精神活跃的幼小型猪；最后向饲养员了解情况，如产仔数、有无恶癖等情况。

6. 鉴别小小型猪

（1）外貌。背毛稀疏细短，呈两头黑中间白，部分个体背腰部有黑斑但不连片。

（2）体型。矮、小、短、圆。头部有白斑或白线，嘴较长，耳小而尖，直立稍外倾；背微凹，腹较大下垂但不拖地，四肢短小。

（3）重量。一般2个月的小型猪的体重在1～1.5kg，而普通猪在这个时候通常体重在2.5kg以上。

（4）食量。小小型猪的食量比家猪小很多。

（5）耳朵。家猪的耳朵大，成杨树叶状圆形；小小型猪的耳朵小，不宽，有点立着。

（6）鼻子。小小型猪的鼻子与普通猪和两头乌（一种食用的中型猪）有明显差别。

体型：矮、短、圆。头轻小，额平、有自斑或白线，嘴较长，耳小而尖，直立稍外倾（似鼠耳）；背微凹，腹较大下垂但不拖地，四肢短小，蹄玉色。

外貌：被毛稀疏细短，呈两头黑中间白，部分个体背腰部有黑斑但不连片。

（7）牙齿。小小型猪的牙齿白而且尖，6个月就成年了。3个月的时候乳牙，特别是门牙有小分叉。

7. 选择种猪时的注意事项

（1）选种时注意公、母小型猪的血缘关系（搞杂交除外），纯繁时与配公、母小型猪尽量不要有血缘关系。引种数量较大时，每个品种公小型猪血统不少于5个，且公母比例、血缘分布适中。

（2）选择的种猪应符合本品种特征，全身无明显缺陷，种猪肢蹄、体尺、发育、乳头评分良好；对母小型猪的外阴、乳头、腹线，公小型猪的的睾丸、包皮、性欲要重点观察。值得注意的是选择母小型猪时，那些“体型优美”者往往繁殖力不高。

（3）最好由有多年实践经验的养猪专业人员进行选种。

（4）如选择的种猪是测定猪群的，要选择育种值高的特级猪（1 可能价格也高）。

（5）选种时要心中有标准，切忌进行比较，容易选“花眼”。对父本的选择要严格一些。

（6）挑选的种猪必须带有耳号，并附带耳标、免疫标志牌。

（7）要与供猪场签订购买合同。

## 三、小型猪的运输

小型猪从外地购进，或从本地运到外地，一般需要汽车、火车、轮船或飞机等交通工具进行运输。在运输之前必须做好充分的准备工作。一是运输前应由当地兽医防疫部门检疫，并办理检疫手续，只有健康的小型猪才能运出；二是为了增加运输的空间，可分层装运，但每层要有一定的间隔距离，一般以 80cm 为好；三是如果运输距离比较远（一般指在途中超过 36 小时），还要准备一些饲料，并且保证有充足的饮水。短距离运输可以不喂食。

运输时冬季要防止小型猪受凉感冒，夏天应防止中暑。发现有小型猪患病时，应立即治疗。刚断奶的幼小型猪的长途运输更应注意，运输中不宜密度过大，防止因拥挤而受伤。

## 四、引种后的短期饲养

引人猪种时要严格执行防疫制度，防止疫病传播。同时，在

引入时要隔离饲养1～2个月，加强防疫和消毒，注意消灭和预防寄生虫和传染病，确保引入小型猪的安全，也保证原有小型猪群不被外来传染病的感染。

## 第二节　小型猪的生殖生理

小型猪是小型猪种，性成熟特别早，公小型猪在70～90日龄达到性成熟，公小型猪第一次配种利用时间最好150日龄。母小型猪性成熟比公小型猪晚，大约在120日龄开始发情，初配时间应在150日龄，体重20kg左右为宜。小型猪是高产型猪种，在北方地区一年能产2胎，每胎6～9头。

### 一、公猪的生殖生理

#### （一）公小型猪的生殖器官及其功能

公小型猪的生殖器官包括阴囊、睾丸、附睾、输精管、副性腺和阴茎。

1. 阴囊

阴囊呈袋状，位于肛门的下方，是露在体外的皮肤囊。睾丸、附睾和部分精囊都包裹在阴囊之中。阴囊的收缩起着调节温度的作用，当温度升高时，阴囊增大，使阴囊内的温度散发到阴囊外；当温度降低时，阴囊变小，防止阴囊内的温度散发。从而减少睾丸产生的精子受外界温度的影响，提高精子的成活率和增加精子的活性。

2. 睾丸

睾丸位于阴囊内，左右各1个，呈卵圆形。睾丸的主要功能是产生精子和分泌雄性激素。

3. 附睾

附睾位于睾丸的背侧，附睾可分为3部分，即附睾头、附睾体和附睾尾。附睾主要功能是精子的转运、浓缩、成熟和储藏。

4. 输精管

输精管是由附睾管延续出来的两条细长的管道，主要功能是输送精子，配种时将精子排到尿生殖道内。

5. 副性腺

副性腺是精囊腺、前列腺和尿道球腺的总称。副性腺的主要功能是释放精清，与精子共同组成精液。

6. 尿生殖道、阴茎和包皮

尿生殖道是排精和排尿的共同管道，分骨盆部和阴茎两个部分，膀胱、输精管及副性腺均开门于尿生殖道的骨盆部。阴茎是公小型猪的交配器官，分阴茎根、阴茎体和阴茎头 3 部分。猪的阴茎较细，在阴囊前形成“S”形弯曲，龟头呈螺旋状，上有一浅沟。阴茎勃起时，“S”形弯曲即伸直。包皮是由皮肤凹陷而发育成的皮肤瘤。在不勃起时，阴茎头位于包皮腔内。公小型猪的包皮腔很长，有一憩室，内有异味的液体和包皮垢。采精前一定要排出包皮内的积尿，并对包皮部进行彻底地清洁。在选留公小型猪时应注意，包皮过大的公小型猪不要留作种用。

（二）公小型猪的性成熟

公小型猪的性成熟比较早，70 ~ 80 天就会出现爬跨行为。180 月龄时，一次射精量可达 25 ~ 35ml，每毫升含精子 3 亿 ~ 4 亿个。当公小型猪达到性成熟后，虽然已经能够交配繁殖，但不宜过早配种，过早配种不但有碍自身的个体发育，影响到以后的繁殖能力，而且还会影响到胎儿的生长和发育。确定适宜配种年龄，主要从体重和睾丸的发育及性反应作为简易的适配年龄的衡量标准。一般公小型猪定在 5 月龄以后较为适宜。

（三）公小型猪的交配行为

一般成年公小型猪体重为 20 ~ 30kg，而成年母小型猪体重为 30 ~ 40kg，在交配中应注意人工辅助。试验证明，采用人工

辅助的，受胎率可达85%以上。由于小型猪野性较强，故为了便于人工辅助交配，饲养员应多训练小型猪。特别是公小型猪，在交配中应避免外人到配种场地。据观察，如有外人触摸正在交配的公小型猪，多数公小型猪会从母小型猪背上滑下，严重影响配种效果。公小型猪听到发情母小型猪叫声、看到跑来的发情母小型猪时，常从猪栏门口注视母待站，并发出特异叫声。公小型猪接触母小型猪的顺序大多为外阴部、头部、体侧和背部，公小型猪先用鼻子嗅发情母小型猪的后驱，接着爬跨、交配。

据观察研究，交配过程中，小型猪幼年公小型猪100%发出“嗯嗯”的交配曲。幼年公小型猪转移到新的猪圈内，由于恐惧和紧张，会出现性行为抑制，当回到原圈时，又会表现出性活动。

## 二、母猪的生殖生理

### （一）母小型猪的生殖器官及其功能

母小型猪的生殖器官包括卵巢、输卵管、子宫和阴道等。

1. 卵巢

卵巢位于肾脏后方及骨盆腔内，左右各1个，呈椭圆形或多棱形，主要功能是产生卵子和雌性激素。其中雌性激素是刺激母小型猪发情的直接因素。

2. 输卵管

是连接卵巢和子宫的一条弯曲的管子。在靠近卵巢的一端有一个很大的喇叭口，叫做“伞部”，与卵巢很接近。当卵子从卵巢排出后，自然落入输卵管的喇叭口内，并沿着管子向下运动，直至子宫角。输卵管也是精子和卵子结合的地方。受精后的结合子，一边发育，一边沿输卵管运行至子宫里。

3. 子宫

子宫位于腹腔内及骨盆腔的前部，在直肠的下方，膀胱的上方。子宫由3部分组成，即子宫角、子宫体和子宫颈。子宫的主要功能是运送精液、胎儿发育的场所。

4. 阴道及外阴部

阴道和外阴部是母小型猪的交配器官。发情时，阴道内壁增厚，而且有勃液流出，外阴部充血肿胀。

（二）母小型猪的性周期和繁殖周期

1. 初情期

初情期是指正常的青年母小型猪达到第一次发情排卵时的月龄。在接近初情期时，卵泡生长加剧，卵泡内膜细胞合成并分泌较多的雌激素。其水平不断提高，达到引起促黄体素（LH）排卵峰所需要的阈值，加上雌激素和肾上腺所分泌的孕酮的作用，使母小型猪表现出发情的行为。母小型猪初情期时已初步具备了繁殖能力，但由于此时身体发育还未成熟，如果过早配种，不但加重了母小型猪的负担，而且还会窝产仔少、初生重小影响母小型猪今后的繁殖。一般初配时间应在150日龄以后较为适宜。

2. 母小型猪的发情周期

青年母小型猪初情期后未配种，会表现出特有的性周期活动，这种活动称为发情周期。母小型猪的发情周期一般在18～21天。母小型猪发情周期的长短，有外、内因的制约，外因如光照、温度、营养等；内因如神经和激素等。内因起主导作用，外因通过内因而起作用，通过光照刺激，调节促性腺激素的分泌，经促卵泡索和促黄体素的协同作用，最后导致母小型猪发情。当雄性激素分泌较多时，通过反馈作用抑制垂体前叶分泌促卵泡素，同时又促进垂体前叶分泌促黄体素，并到达最高峰，引起卵泡破裂而排卵。

3. 繁殖周期

从后备母小型猪发情配种受胎起，母小型猪就开始经历不同繁殖生理阶段。首先要经过112～116天（平均114天）的妊娠

期，妊娠结束，母小型猪分娩，便进入哺乳期，小型猪的哺乳期一般为 60 天。仔小型猪断奶后，母小型猪回到空怀期，一般经过 3 ~7 天也更长时间，母小型猪再次发情配种受胎，又重复经历同样的繁殖过剧。母小型猪由发情配种受胎，经分娩到下一次配种受胎的全过程，即为一个繁殖周期。可见，母小型猪的繁殖周期包括后备母小型猪和断奶母小型猪的空怀期、妊娠期和哺乳期。处在不同繁殖期的母小型猪生理状态不同，因而在生产中，针对不同繁殖生理阶段的母小型猪，应分别给予科学的饲养管理，促进各阶段母小型猪的繁殖机能充分发挥，以缩短母小型猪繁殖周期，并提高母小型猪，的产仔数和哺育率。

（三）小型母猪的发情表现

小型母猪大约在 120 日龄开始发情，初配时间应在 150 日龄为宜。如果配种过早，因为母小型猪体重小，产仔少，断乳窝重低，导致死亡率升高；如果配种过迟，将增加饲养费用，造成母小型猪采食不安，影响性机能的发育。母小型猪发情的主要有以下表现：

（1）性情不安。母小型猪在栏内来回走动、爬跨、拱栏。

（2）食欲减退，表现采食不安。有的母小型猪食食走走，有的乱拱饲料。

（3）阴户红肿。发情头 1 ~2 天，阴户开始红肿，有黏液流出；发情 3 天后阴户开始收缩，由鲜红变为紫红。

（4）相互爬跨。一般在运动场上容易发生爬跨行为。爬跨其他母小型猪的，多为刚刚发情的猪；被爬跨的，若站立不动，多为发情中期的母小型猪。

# 第三节 小型猪的选配

## 一、选配的原则

选配就是选择适合的公小型猪给母小型猪配种，也就是为公小型猪应择合适的配偶，具体应遵循以下原则。

第一是选择有共同优点的公、母小型猪进行交配，其目的是使公、母小型猪双方的优点在后代身上得到保持、巩固和发展。从而使优点的基因更加稳定。

第二是对于公、母小型猪双方有共同缺点的不能进行交配，防止双方的缺点在后代身上表现出来，从而使小型猪的品质下降。

第三是在优良种小型猪不足的情况下，可以选择具有某一优点的小型猪与另一头具有相对缺点的小型猪进行交配，用优点去克服缺点。

第四是在选配年龄上，最好选用壮年期的公小型猪。对初配的母小型猪，要注意选择性情温顺、有耐性、有经验的公小型猪进行交配，从而提高交配的成功率。

## 二、选配的方法

小型猪的选配方法，按其在交配时的亲缘关系不同，可分为纯种选配和杂交选配两种，它们都可以作为生产性选配或育种选配。

### （一）纯种选配

用同一品种内的公、母小型猪进行交配繁殖，称为纯种选配。同一品种的公、母种小型猪，它们生殖细胞染色体内的遗传基因基本相同，它们交配繁殖后，一般可以保持与亲本相同或相似的遗传性状。在纯种选配的范围内，有近亲选配、远亲选配和品系选配等几种方法。

1. 近亲选配

用来交配的种小型猪，它们的直系血缘关系在4代以内，旁系血缘关系在3代以内的，都属于近亲选配。近亲选配有利于使公、母小型猪优良遗传性状在后代较迅速地固定下来，也能使公、母小型猪的不良遗传性状在后代中最迅速地暴露出来。因此，在大群生产中，应尽量避免应用近亲选配。在育种生产中可以适当应用近亲选配，但要注意对种小型猪进行严格的挑选，防止性状不良，身体有缺陷的进行选配，结果造成近亲选配失败。近亲选配的目的就是使品种得到进一步纯化和进化。

2. 远亲选配

用来交配的种小型猪，它们的直系血缘关系为5～7代，旁系血缘关系为4～5代的，都属于远亲选配。进行远亲选配时，由于选用的公、母小型猪生殖细胞染色体的基因基本相同，它的后代一般能保持该品种的遗传性状。同时远亲选配后，出生的后代适应能力强，适应范围广，不易引起退化。因此，一般在商品和良种选配上广泛采用。

3. 品系选配

品系选配是人们有意识、有目的地在一个品种内建也不同的品系，使不同品系的公、母小型猪进行交配繁殖。用品系的办法是将有特别优良性能的种公小型猪为祖先，经过严格的选配，选出性能优良的近亲母小型猪与其进行交配繁殖；以后各代所繁殖的小型猪，它们的血缘关系都尽可能保持和接近这个祖先，并对所繁殖的各代小型猪进行严格的选择和良好的培育，从而形成具有大量小型猪的品系群。

（二）杂交选配

杂交选配是将不同品种的公、母种小型猪进行杂交。在杂交选配时，由于公、母种小型猪生殖细胞染色体内的基因有很大的差异，因而丰富和扩大了杂种后代的遗传基础，它们不仅可以在优良的表现型性状方面兼有父母亲本的特征，而且还可以兼有父母亲本的非表现型性状。

在杂交选配的也围内，有改良杂交、育成杂交、经济杂交等。

(1) 改良杂交。某一品种借助于另一个品种未改良，目的在保持原有品种特性基础上再吸收另一个品种的优点。

(2) 育成杂交。由两个或两个以上的品种进行杂交，目的是创造一个品质优良的新品种。

(3) 经济杂交。利用两个品种的公母种小型猪进行交配繁殖。杂种一代所表现出来的“杂交优势”可成为养殖小型猪的经济门的。

## 第四节　小型猪的配种方式与方法

### 一、配种方式

根据母小型猪在发情期中陆续排出大量卵子且持续的时间较长、卵子保持受精能力的时间较短和猪的发情开始时间不容易掌握的特点，为了提高母小型猪的受胎率和产仔数及减轻公小型猪负担，在生产实践中多数采取重复配种、双重配种和多次配种的方法。

#### (一) 重复配种

在母小型猪的一个发情期内，用同一头公小型猪先后配种 2 次，一般在母小型猪接受公小型猪爬跨后（即发情开始后 20 ~ 30 小时）即进行第 1 次配种，间隔 12 ~ 18 小时再进行第 2 次配种。这种配种方法能保证在输卵管中始终保持有活力的精子与陆续排出的卵子结合，从而提高了受胎率和产仔数。此法不会混乱血缘，育种场可以采用。

（二）双重配种

母小型猪在一个发情期内，用两头血缘关系较远的同一品种的公小型猪进行配种，第一头公吞猪配完后，间隔 5～10 分钟，再用第二头公小型猪交配。这种配种方式的优点，肯先是因为两头公小型猪与一头母小型猪在短时间内交配 2 次，能使母小型猪性兴奋增强，促使卵子加速成熟，缩短排卵时间，增加排卵数，所以能使母小型猪多产仔，且仔小型猪较整齐；其次由于两头公小型猪的精液存在于母小型猪的生殖道内，使卵子有较多的机会选择活力强的精子受精，产生存力强的胚胎，从而能使母小型猪产生生活力高的仔小型猪。

（三）多次配种

母小型猪在一个发情期内，与同一头公小型猪旦旦两头公小型猪进行 3 次以上的交配。这种配种方式虽能增加产仔数，但因多次配种增加了生殖道的感染机会，易使母小型猪思生础边疾病而降低受胎率，在空闲公小型猪较多时可采用此法。

比较上述配种方法的配种效果，大量实践证明，双重配种的受精率、产仔数和初生重均高于单次交配，3 次配种的产仔数高于 2 次配种。

## 二、配种方法

配种方法分本交和人工授精两种。

（一）本交

当母小型猪与公小型猪个体差异不大，交配没有困难时，可以把它们赶到配种场地，不用人工辅助让它们自由交配。

1. 配种程序

（1）先配断奶母小型猪和返情母小型猪，然后根据满负荷配种计划有选择地配后备母小型猪，后备母小型猪和返情母小型猪需配够3次。

（2）初期实施人工授精最好采用“1+2”配种方式，即第一次本交，第二、第三次人工授精；条件成熟时推广“全人工授精”配种方式，并应由3次逐步过波到2次。

（3）配种间隔：在一周内正常发情的经产母小型猪，上午发情，下午配第一次，次日上、下午配第二、第三次；下午发情，次日早配第一次，下午配第二次，第三日下午配第三次。断奶后发情较迟（7天以上）的及复发情的经产母小型猪、初产后备母小型猪，要早配（发情即配第一次），并应至少配3次。

2. 操作方法

（1）本交选择大小合适的公小型猪，把公、母小型猪赶到圈内宽敞处，要防止地面打滑。

（2）观察交配过程，保证配种质量：射精要充分（射精的基本表现是公小型猪尾根下方月工门扩张肌有节律地收缩，力量充分），每次交配射精2次即可，有些副性腺或液体从阴道流出。整个交配过程不得人为干扰或粗暴对待公母小型猪。配种后，母小型猪赶回原圈，填写公小型猪配种卡，母小型猪记录卡。

（3）参照“老配早，少配晚，不老不少配中间”的原则：胎次较高（5胎以上）的母小型猪发情后，第一次适当早配；胎次较低（2~5胎）的母小型猪发情后，第一次适当晚配。

（4）高温季节宜在8：00前，17：00后进行配种。最好饲前空腹配种。

（5）做好发情检查及配种记录：发现发情猪，及时登记耳号、栏号及发情时间。

3. 注意事项

（1）配种前，应将公小型猪栏舍内的杂物搬出，防止撞伤

猪腿或意外事故发生，同时，用3%高锰酸钾液将母小型猪外阴部擦洗干净，然后将母小型猪赶入种公小型猪舍内进行配种。配种后隔1个小时再让其饮水。如确认母小型猪已配上种，要对其全身涂擦双甲脒溶液2～3次，杀死体表寄生虫，以防母小型猪擦痒过度而导致流产。

（2）母小型猪能安定地接受爬跨，或阴户从鲜红变为暗紫、从肿胀变为稍皱缩，或用于按压猪后躯其站立不动，都是适宜的配种时间。一般在发情并允许爬跨后20～30小时内配种。第一次配上后间隔12～18个小时再重复配一次，以提高受胎率。

（3）配种时间应在采食后2小时较好。夏季炎热天气应在早晚凉爽时进行。

（4）配种环境应安静，不要喊叫或鞭打公小型猪。

（5）配种场地应平整地面。下雨或风雪天应在室内交配。

（6）交配后用手轻轻按压母小型猪腰部，防止母小型猪弓腰引起精液倒流。

（7）公、母小型猪交配后不要立即洗澡，喂冷水或在阴冷潮湿的地方躺卧，以免受凉得病。

（8）个别母小型猪在第一胎产后不愿意发情，可以把公小型猪和母小型猪同时赶到运动场内混群活动，尤其对于发情症状不明显的母小型猪，在两个发情期之间必须与公小型猪混合运动，便于发现发情，促使发情及时配种。

（二）人工授精

人工授精是人工利用器械采集公小型猪的精液，然后再用器械把精液注入到发情母小型猪的生殖道内，从而使母小型猪受精，代替公、母小型猪本交的一种配种方法。尽管小型猪不容易采精，但经过精心驯化，饲养员与它们建立良好的关系后，还是能够顺利采精的，进而提高优良公小型猪的利用率。

1. 人工授精的优点

(1) 可以充分利用种公小型猪，减少公小型猪饲养量，降低养猪生产成本。可以提高峰小型猪发情期受胎率和产仔数。因为，人工授精所用精液都经过严格检查，保证质量，配种可以掌握适时。

(2) 只有健康的公小型猪才能用作人工授精，阻断传染源。同时，人工授精时公母小型猪并不接触，既减少了疾病传播机会，又克服了本交的困难。

人工授精技术已成为现代畜牧业的重要技术之一，它对促进畜牧业生产向着现代化发展起着重要作用。在我国养猪生产中，人工授精技术已得到广泛的应用。

2. 人工授精所需的设备

(1) 采精设备。采精台（也叫假母小型猪）、假阴道、集精瓶、打气双联球、温度计等。采精台（也叫假母小型猪）是先按照母小型猪的形状做好一个木质假母小型猪，假母小型猪的身材大小依种公小型猪的体型大小而定。背呈弧形，两侧有踏板。

(2) 精液检查、稀释和保存设备。普通显微镜、小天平、盖玻片、量筒、三角烧瓶、广口保温瓶、氯化钠等。

(3) 输精器材及消毒用品。玻璃注射器（20ml 和 50ml 的）、输精胶管（质地要硬）、消毒铝锅、长柄镊子、高锤酸饵、来苏儿、酒精、药棉、纱布等。

(4) 其他用品。工作服、胶鞋、毛巾、肥皂、凡士林、液状石蜡油、自己制稀释液用的原料以及桌、椅、柜橱等。

3. 训练公小型猪

训练公小型猪爬跨假扉小型猪的方法有以下几种方法，可视具体情况选用。

(1) 先在假母小型猪腹下放少量发情母小型猪的垫草，或者在假母小型猪臀部涂一些发情母小型猪的尿液或分泌物，然后将公小型猪赶来和假母小型猪接触，只要它愿，意接触假母小型猪，嗅其气味，有性欲要求，愿意爬跨，一般经过 2 ~ 3 天的训练，就能成功。若公小型猪啃、咬、拱假母杏猪，并靠假母小型猪擦痒、无性欲表现时，应马上赶一头发情旺盛的时母小型猪到假母小型猪旁引起公小型猪性欲，当公小型猪性欲极度旺盛时，再将友情旺小型猪赶走，让公小型猪重新爬跨假旺存猪，并让它射精，一般都能训练成功。

（2）选作一头发情旺盛的呼小型猪赶到假母小型猪旁，母小型猪和假母小型猪都用麻袋盖好，在假母小型猪臀部涂上发情母小型猪的尿液。再将公小型猪赶来与母小型猪接触，待公小型猪性欲高度旺盛时，迅速赶走母小型猪，再让公小型猪爬跨假母小型猪，再让公小型猪爬跨假母小型猪。若公小型猪不爬跨假母小型猪或不射精，应改让公小型猪爬跨母小型猪，以后再用上述方法训练，一般都能收效。

（3）把发情旺盛的小号小型猪用麻袋盖住，放在假母小型猪下面，引诱公小型猪爬跨假母小型猪训练采精，效果也很好。

在训练公小型猪爬跨假母小型猪采精时，应注意防止其他公小型猪的干扰，以免发生两头公小型猪咬架等事故，影响训练工作的顺利进行。一旦训练成功，还应连续训练几次，以便巩固。

4. 公小型猪的精液采集

精液的采集是人工授精的第一环节，而采集到的精液质量是人工授精成功与否的关键。因此，正确掌握采精技术，合理安排采精频率，保证采集到的精液量多、质优十分重要。

（1）精液采集前的准备。采精宜在室内进行，夏季采精宜在早晚进行；冬季寒冷，室温最好保持在 15 ~ 18℃。其次要准备好精液采集台，一般采用假台猪采集精液，简单方便，安全有效。还要对小型猪进爬跨调教，尤其是初次用假台猪采精的公小型猪，调教方法要得当，要反复训练，耐心诱导，保证调教成功。

（2）精液采集方法。种公小型猪的采精方法主要有两种，一种是假阴道采精法，另一种是手握法。生产实践中用得较多的是手握法。

手握法采精：此法是群众在生产实践中，摸索出来的一种简单易行的采精方法。将集精瓶和纱布蒸煮消毒 15 分钟，再用 10% 氧化钠溶液冲洗两遍，拧干纱布，折成 2～3 层，用橡皮圈将纱布固定在集精瓶口上，纱布以凹下为宜。采精员应先剪短指甲，洗净双手，并以 75% 酒精棉球擦拭消毒或戴上消过毒的胶手套。公小型猪赶进采精室后，用 0.1% 的高锰酸钾溶液消毒公小型猪的包皮及其周围皮肤并擦干。采精员蹲在假母小型猪的左后方，待公小型猪爬上假母小型猪并伸出阴茎时，立即用左手（手心向下）握住公小型猪阴茎前端的螺旋部，不让阴茎来回抽动，并顺势小心地把阴茎全部拉出包皮外，掌握阴茎的松紧度，以不让阴茎滑脱为准。拇指轻轻顶住并按摩阴茎前端龟头，其他手指一紧一松有节奏地协同动作，使公小型猪有与母小型猪自然交配样的快感，促其射精。注意防止公小型猪作交配动作时，阴茎前端碰到假母小型猪而被擦伤。当公小型猪静伏射精时，左手应有节奏地一松一紧地加压，刺激性欲，并将拇指和食指稍微张开露出阴茎前端的尿道外口，以便精液顺利地射出。这时用右手持集精瓶，稍微离开阴茎前端收集精液。起初射出的精液多为精清，且常混有尿液和脏物，不宜收集，待射出乳白色精液时再收集，并用搏指随时拔除排出的胶状物，以免影响精液滤过。公小型猪射完一次精后，再重复上述手法使公小型猪第二、第三次射精。待公小型猪射完精后，采精员顺势用于将阴茎送入包皮中，并把公小型猪慢慢地从假母小型猪上赶下来。

胶管采精法：基本上与徒手采精法相同，区别只是手隔着胶皮管把阴茎握住采精，可以减少细菌污染。胶管可用羊的假阴道内胎一剪为二，或用自行车内胎作成圆筒，筒长约 20cm，直径 4cm，再用一个直径 4 ~ 5cm、高 1cm 左右的金属小圆圈（也可用塑料或竹圈代替），将内胎的一端内翻出 3 ~ 4cm，成为一个小圆口，以便阴茎伸入，另一端套上集精瓶。

采精时，当公小型猪爬上假母小型猪伸出阴茎后，采精员以右手握住胶管，套上公小型猪阴茎，深度以阴茎龟头伸到小指外缘为止。然后右手握住公小型猪阴茎，有节奏地一松一紧地加压，以增加公小型猪的快感，增多射精量。

（3）采精频率：经训练调教后的公小型猪，一般 1 周采精 1 次，12 月龄后，每周可增加至 2 次，成年后 2 ~ 3 次。

5. 精液品质检查

精液品质检查的目的是鉴定精液品质优劣、稀释或保存过程中精液品质的变化，以便决定能否用来输精，合理确定输精量，保证较高的受胎率和产仔数。评定精液品质的主要指标是射精量、色泽、气味、精子活力、精子密度、精子存活时间和畸形精子等几个方面。公小型猪精液采取后，首先用 4 ~ 6 层消过毒的纱布，过滤除去胶状物，置于 30°C 恒温水浴锅中，在室温 25 ~ 30℃下迅速进行品质鉴定。

（1）射精量。将采集的精液立即用 4 ~ 6 层消毒纱布滤除胶状物质。射精量因品种、年龄、个体、两次采精时间间隔及饲养管理条件等不同而有差异。小型猪每次的射精量一般 25ml 左右。

（2）颜色和气味。正常精液为乳白色或灰气色，略有腥味。如果呈黄色，是混有尿；如果呈淡红色，是混有血，有臭味者不能使用。

（3）精子活力检查。活力是指精子活动的能力。检查方法是在载玻片上滴一滴原精液，然后轻轻放上盖玻片（不要有气泡，盖玻片不游动），在 300 倍显微镜下观察。精子活动有直线前进、旋转和原地摆动 3 种，以直线前进的活力最强。精子活力评定一般用“十级制”，即计算一个视野中呈直线前进运动的精子数目，100%者为1.0级，90%为0.9级，80%为0.8级，以此类推，如活力低于0.5级者，不宜使用。

精子活力是精液晶质鉴定的主要指标，为了准确检查精子活力，在冬天最好将精液、载玻片逐渐升温到35～38℃。

在实际工作中，精液稀释和输精后，特别是保存的精液，在输精前后都要进行活力检查。每次输精后的检查方法是将输精胶管内残留的精液滴一滴于载破片上，放上盖玻片，于显微镜下观察，如果精子活力不好，证明操作上有问题，应当重新输精。

（4）密度。在显微镜下观察，一般精子所占面积比空隙大的为“密”，反之为“稀”，密稀之间者为“中”。“稀”级精液也能用来输精，但不能再稀释。

（5）畸形精子的检查。正常精子为蝌蚪状，凡是精子形态不正常的均为畸形精子。检查方法是取原黏液一滴，均匀涂在载破片上。干燥1～2分钟后，用95%酒精固定2分钟，再用蒸馏水轻轻地冲洗，再干燥片刻后，用亚甲蓝或红（蓝）墨水染色3分钟，再用蒸馏水冲洗，干燥后即可镜检。镜检时通常计算500个精子，用下列公式求其百分率：

畸形精子百分率（%）＝畸形精子数/500×100

一般小型猪的畸形精子率不能超过18%。

6. 精液的稀释

精液通过稀释不仅可以扩大配种数量，提高优良种公小型猪的利用率，而且可以供给精子营养，中和副性腺分泌物对精子的有害作用，缓冲精液的酸碱度，为精子创造更适宜的外界环境，从而增加其生命力，延长存活时间，便于保存和运输。

如果是短时间输精用，一般用的稀释液是生理盐水或7%葡萄糖溶液，稀释的倍数可掌握在30倍左右。

7. 精液的保存与运输

（1）精液的保存。精液可保存在冰箱或内放冰块的保温瓶中，温度控制在0～10℃。如果精被暂时不用，还应在瓶盖上涂一层液状石蜡油，使之与空气隔绝，增加保存时间。

（2）精液的运输。必须注意防止温度发生变化并尽量避免振荡。首先将装有精液的贮精瓶包在特制的塑料袋内，袋口用绳扎紧；然后在冰瓶内装好冰块，在冰块上铺一层油纸，垫几层纱布或棉花。将包有贮精瓶的特制塑料袋放在上面，塑料袋周围填充一些棉花之类的物质，既保温又防震动。

供精的范围，可视当地的交通、道路及气候条件而定。一般来讲，随着运输里程的增加，精子活力、受胎率和窝产仔数等有下降趋势。当然道路好、运输工具先进时，供精的范围也可扩大。

8. 输精

这是人工授精的最后一关，对受胎率和窝产仔数的影响较大。输精的效果取决于技术熟练程度、使用的输精器具和准确地判断输精的适宜时间。

（1）适宜的输精时间。其是根据母小型猪的排卵时间，并计算进入母小型猪生殖道内精子技能和维持受精能力时间来决定。一般可掌握母小型猪在发情高潮过后的稳定时期，接受“压背试验”或从发情开始后第二天输精为宜。输精的次数和输精间隔时间要根据母小型猪的排卵时间、体况以及精子活力等有所差异（精液输入的部位以母小型猪子宫内为宜）。

（2）输精前的准备。

母小型猪的准备：母小型猪一般是不用保定的，只在圈内就地站立即可输精。尾巴应拉向一侧，阴门及其附近用温肥皂水擦洗干净，并用消毒液进行消毒，然后用温水或生理盐水冲洗擦干。

输精器材的准备：输精用具在使用前必须彻底洗涤，严密消毒，后用稀释液冲洗。玻璃或金属输精器可用蒸汽、75%酒精或放入高温干燥箱内消毒；输精胶管因不宜高温，可用酒精或蒸汽消毒。输精器在临用前要用稀释液冲洗2次或3次。开膣器以及其他金属用具洗净后可浸泡在消毒液中，或在使用时用酒精、火焰消毒。输精管以每头母小型猪准备一支为直。不得已如用同一支输精管时，应以酒精棉球擦洗输精管外壁，再用稀释液冲洗才能使用。

目前，国内外多用一次性输精器具，值得推广。

精液的准备：新采取的精液，经稀释后必须进行精液品质检查，合乎输精标准时方可用来输精。常温或低温保存的精液，需要升温到35℃左右，镜检活率不低于0.6；冷冻保存的精液解冻后镜检活率不低于0.3，然后按各种小型猪的需要量，装入输精管内输精。

输精人员的准备：输精员的指甲须剪短磨光，洗涤擦干，用75%酒精消毒，若手臂要伸入直肠或阴道内，手臂也应按上法消毒，并涂以稀释液或生理盐水作滑润剂。

（3）输精方法。输精量和输入有效精子数应根据母小型猪的体型大小、胎次、生理状况和精液保存方法而定。

输精时将输精导管涂上少许稀释液，起润滑作用，一手把阴唇分开，把输精导管插入阴道，经抽送2~3次，直到不能前进为止，确定进入子宫内后，再向外稍拉一点。凭借压力或推力缓慢注入精液。输精时间一般需要3~5分钟，随后缓慢抽出输精管，并用于捏住母小型猪腹部，防止精液倒流。

总之，输精动作可概括为8个字，即“轻插、适深、慢注、缓出”。每个发情期应尽量输精2次，间隔12~20小时。

## 三、做好记录

认真填写好母小型猪试情、配种、确娃记录表和公小型猪考勤表，为母小型猪确妊提供数据，每天要对母小型猪配种记录做整理，填好母小型猪配种记录。

## 四、妊娠的诊断

母小型猪的妊娠诊断是繁殖管理的一项重要内容，早期诊断对于缩短产仔间隔有着重要意义。

（一）观察法

如果母小型猪配种后的15～20天没有再出现发情，并且有食欲渐增、增重明显、毛顺发亮、行动稳重、性情温驯、贪睡、尾巴自然下垂、阴户缩成一条线、驱赶时夹着尾巴走路等现象，就可初步判断为已怀孕。

（二）阴道检查法

配种10天后，如阴道颜色苍白，并附有浓稠黏液，触之涩而不润，说明已经娃振。也可观看外阴户，母小型猪配种后如阴户下联合处逐渐收缩紧闭，且明扭地向上翘，说明已经妊娠。此法适用于较大个体的小型猪，局限性较大。

（三）激素测定法

可在配种后的19～23天间采集血样，测定血浆中孕酣或胎膜中硫酸雌酮的浓度，浓度较大时可以判断母小型猪已妊娠，此方法准确性较高，但费用高，并且比较烦琐。

1. 孕马血清促性腺激素（PMSG）法

母小型猪妊娠后有许多功能性黄体，抑制卵巢上卵泡发育。功能性黄体分泌孕酬，可抵消外源性PMSG和雌激素的生理反应，母小型猪不表现发情即可判为妊娠。方法是于配种后14～26天的不同时期，在被检母小型猪颈部注射700单位的PMSG

制剂，以判定妊娠母小型猪并检出妊娠母小型猪。判断标准以被检母小型猪用 PMSG 处理，5 天内不发情或发情微弱及不接受交配者判定为妊娠；5 天内出现正常发情，并接受公小型猪交配者判定为未妊娠。渊锡藩等所得结果为，在 5 天内妊娠与未妊娠母小型猪的确诊率均为 100%。且认为该法不会造成母小型猪流产，母小型猪产仔数及仔小型猪发育均正常，具有早期妊娠诊断和诱导发情的双重效果。

2. 己烯雌酚法

对配种 16 ~ 18 天母小型猪，肌内注射己烯雌酚 1ml 和丙酸睾丸酮各 0.22ml 的混合液，如注射后 2 ~ 3 天无发情表现，说明已经妊娠。

3. 人绝经期促性腺激素（HMG）法

HMG 是绝经后妇女尿中提取的一种激素，主要作用与 PMSG 相同。据报道，使用南京农业大学生产的母小型猪妊娠诊断液，在广东数个猪场试用 1 000胎次，诊断准确率达 100%。

（四）尿液检查法

1. 尿中雌阴诊断法

用 2cm × 2cm × 3cm 的软泡沫塑料，拴上棉线作阴道塞。检测时从阴道内取出，用一块硫酸纸将泡沫塑料中吸纳的尿液挤出，滴入塑料样品管内，于 -20℃储存待测。尿中雌酮及其结合物经放射免疫测定（RIA），小于 20mg/mL 为非妊娠，大于 40mg/mL 为妊娠，20 ~ 40mg/mL 为不确定。据报道其准确率达 100%。

2. 尿液碘化检查法

在母小型猪配种 10 天以后，取其清晨第一次排出的尿放于烧杯中，加人 5% 碘酊 1ml，摇匀，加热、煮开，若尿液变为红色，即为已怀孕；如为浅黄色或褐绿色说明未孕。本法操作简单，据报道，准确率达 98%。

（五）猪试情法

配种后18～24天，用性欲旺盛的成年公小型猪试情，若母小型猪拒绝公小型猪接近，并在公小型猪2次试情后3～4天始终不发情，可初步确定为妊娠。

除上述方法外，还有许多其他的方法，临床应用时应根据实际情况选用。

# 第四章　小型猪疾病防控

## 第一节　小型猪疾病综合防控

### 一、不同生长阶段小型猪疾病的特点

我国大部分小型猪的品系是在南方培育而成的，一方面，小型猪一般习惯于温暖潮湿的气候，对于严寒、干燥环境抵御能力较差；另一方面，由于小型猪的特征（短小而粗胖），气管相对整个身体显得更为狭窄（与家猪比较）。因此，在北方干寒气候下，呼吸道病发病率会明显增高，合理的猪舍设计、科学的环境控制、适宜的猪群密度、严格的兽医管理是控制小型猪疾病发生的重要条件。

小型猪不同发育阶段疾病的特点有一定的差异。不同阶段都有不同特征的疾病，有些疾病贯穿于猪只生长的各个阶段，如猪瘟、口蹄疫、蓝耳病、伪狂犬病、支原体肺炎等；而某些疾病在不同的阶段有不同的特征，或重要性不同，如大肠杆菌可以引起哺乳仔猪的黄痢、白痢，也可引起断奶仔猪的腹泻，大肠杆菌可引起母猪乳房炎、子宫炎和泌乳障碍综合征；伪狂犬病毒可引起母猪的流产，也可引起仔猪的腹泻、呼吸道疾病和神经症状。保育阶段是小型猪最容易感染疾病的阶段，虽然有些疾病不在保育阶段发生，或发生很少，但大部分是在此阶段感染的。保育阶段容易感染的疾病很多，如断奶后腹泻、蓝耳病、伪狂犬病、Ⅱ型

链球菌性脑膜脑炎、断奶后多系统衰弱综合征、猪副嗜血杆菌病、结肠螺旋体感染、回肠炎、关节炎等，有时还会发生典型或非典型猪瘟。生长阶段的小型猪的抵抗力相对保育猪强，正常情况下，发病率、死亡率均很低，但有些疾病仍会在这一阶段发生。如呼吸道疾病综合征、放线杆菌胸膜肺炎、猪痢疾、结肠炎、回肠炎等。这些疾病造成的急性损失不大，但由于生长缓慢，饲料转化率降低，最终大幅度增加生产成本。这些疾病大部分是在保育阶段感染的，因而如果能在保育阶段通过改善饲养管理和药物预防，生长育肥阶段的发病率将会大幅度下降。

小型猪与普通猪一样，在一定的环境条件下，一旦有病原微生物侵入，也同样会发生各种疾病。因此，对仔猪、生长猪、母猪和种公猪等必须坚持定期预防。按照普通猪的免疫程序接种猪瘟、猪丹毒、猪肺疫、仔猪副伤寒、猪链球菌等疫（菌）苗。初生仔猪要注意防治黄痢、白痢、红痢及水肿病等。选用广谱高效低毒的驱虫药物进行定期驱虫。冬春寒冷季节要注意保温防寒，夏季酷暑季节要注意降温防暑，确保猪群健康。密切观察猪群的生活习惯和生理反应，发现疾病及早治疗。

## 二、猪病预防的原则

### （一）消灭环境中的传染源

因为排泄病原体的猪是疫病发生的主要传染源，隔离猪舍防止了传染病从大猪向小猪的扩散，而且能更容易地从余下的猪群中发现并隔离生长不良的猪。

### （二）把猪从污染的环境中移开

如果猪和设备都被放在一个猪舍里，则猪舍不可能被彻底清扫，而猪和设备分开的猪舍则可以彻底清扫，可以经常使新断奶的仔猪进入到清洁的、较过去更卫生的猪舍里。

(三) 增加对疫病的抵抗力

当猪按照体型大小和年龄分组时，多样化的猪群健康管理措施包括从寄生虫治疗到温度控制，变得更加有效。这些措施强化了猪的天然免疫系统，有助于预防疫病。

(四) 提高特异免疫力

当采用合适的全进全出管理时，可以减少猪生长的环境中病原微生物的污染程度，使猪在接触大量病原之前，能逐步地接触这些病原中的一部分，从而逐步提高了猪的免疫力。

(五) 减少应激反应

猪舍温度、气流速度的精确控制和管理者敏锐的观察力，对保持断奶仔猪持续的健康和生长性能是必需的，因为，在一个猪舍里，所有猪的日龄几乎都相同，所以，减少应激反应就容易一些。

## 三、猪场防疫设施、设备及消毒

1. 猪场防疫设施、设备

(1) 清洁设备。现代化猪场普遍在粪尿沟上铺设漏粪地板，猪在漏粪地板上排粪排尿后，尿随缝隙流入粪沟，粪便落到漏粪地板上，经其踩踏后自动落入下面的粪沟中，从而避免猪与粪便的接触，有利于防止和减少疫病的发生。根据其在猪栏内的铺设范围，漏缝地板分为全漏粪和局部漏粪两种形式，在高床上饲养的分娩栏和保育栏宜采用全漏粪地板，消毒灭菌设备在地面上饲养的猪栏一般采用局部漏粪地板。猪的排泄区为漏粪地板，而采食和休息区为实体地面。漏粪地板的关键技术参数是漏粪间隙宽度。漏粪地板有各种形状，一般制成块状、条状或网状。使用的材料有水泥、金属、塑料等（图 4 – 1）。

(2) 消毒灭菌设备。养猪场常用的场内消毒灭菌设备有高压清洗机、火焰消毒和背负式喷雾器（图 4 – 2）。火焰消毒器与

**图 4－1　漏粪地板及使用**

药物消毒配合使用才具有最佳效果，先用药物消毒后，再用火焰消毒器消毒，灭菌可达 95% 以上。

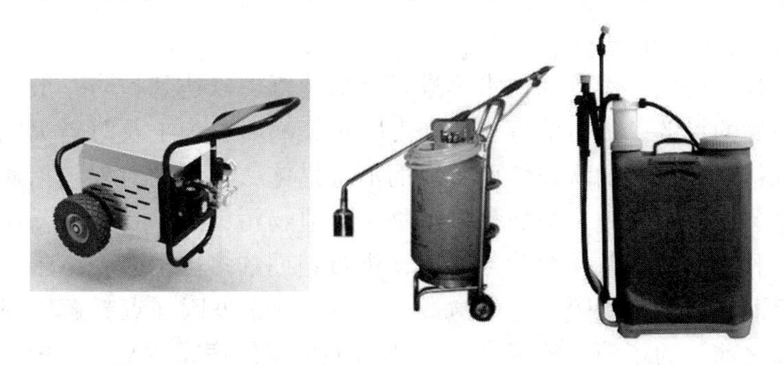

**图 4－2　各种清洗、消毒设备**

（3）降温设备。虽然通风是一种有效的降温手段，但是它只能使舍温降至接近于舍外环境温度。现在猪场常用的降温系统有湿帘—风机降温系统（图 4－3）、喷雾降温系统、喷淋降温系统和滴水降温系统，由于后 3 种降温系统湿度大，不适合于分娩舍和仔猪培育舍。消毒灭菌设备湿帘—风机降温系统是目前最为成熟的蒸发降温系统，其蒸发降温效率可达到 75% ～90%，已经逐步在世界各地广泛使用。

2. 猪场消毒

消毒是贯彻预防为主方针的一项重要措施，其目的在于消

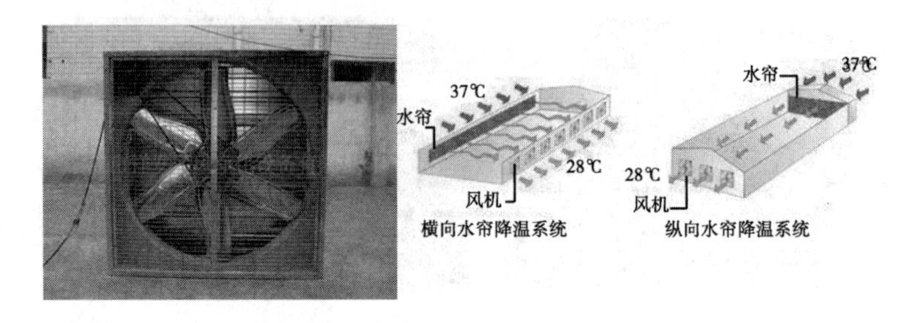


**图 4－3　湿帘—风机降温系统**

除被传染源散播于外界环境中的病原体，以切断传播途径，防止疫病继续蔓延。根据消毒的目的，可分为预防性消毒、随时消毒、终末消毒 3 种。预防性消毒，可结合平时的饲养管理对猪舍、场地、用具和饮水等进行定期消毒，以达到预防一般传染病的目的。随时消毒，即在发生传染病时，为了及时消灭刚从猪体内排出的病原体而采取的消毒措施，消毒的对象包括病猪舍、隔离场地、被病猪分泌物及排泄物污染的一切场所、用具和物品，通常在解除封锁前，进行定期的多次消毒。终末消毒即在病猪解除隔离、痊愈或死亡后，或在疫区（点）解除封锁之前，为了消灭疫区（点）内可能残留的病原体所进行的全面彻底的大消毒。

消毒一般有以下注意事项。一是要正确使用消毒药物，按消毒药物使用说明书的规定与要求配制消毒溶液，药量与水量的比例要准确，不可随意加大或减少药物浓度。二是不准任意将两种不同的消毒药物混合使用或消毒同一种物品，因为，两种消毒药合并使用时常因物理或化学性的配伍禁忌而使药物失效。三是消毒时要严格按照消毒操作规程进行，事后要认真检查，确保消毒效果。四是消毒药物应定期轮换使用，不要长时间使用一种消毒药物消毒一种消毒对象，以免病原体产生耐药性，影响消毒效果。五是消毒时消毒药物最好是现配现用，并尽可能在短时间内

一次性用完。如配好的消毒药物放置时间过长，会使药液的浓度降低或完全失效。六是消毒操作人员要戴防护用品，以免消毒药物刺激眼、手、皮肤及黏膜等。同时，也应注意消毒药物伤害猪群及物品。

3. 常用消毒剂

（1）苯酚。苯酚对消毒猪舍、猪圈、猪栏、卡车和猪场中的仪器设备是很有效的，它有很强的杀菌能力和渗透力，价格也很便宜，其作用较石炭酸的效力高 1 倍，经常以 1% ~5% 的溶液使用，高压喷洒是最好的使用方法。用热水可以增加苯酚的溶解度，保证实施消毒前苯酚被彻底溶解。苯酚有强烈的和持久的臭味，这限制了苯酚在分娩猪舍或其他密闭的建筑物内使用。松小型油由于有更加令人愉快的小型味，有时用作苯酚的基质。

（2）碱类。火碱里有 94% 的氢氧化钠，是一个很有效的消毒剂。由于这类消毒剂产生腐蚀作用，火碱使用时，只用 2% 浓度的热水或沸水溶液（0.45kg 火碱加到 22L 水中），而为了破坏残留的细菌孢子体，要用 5% 的火碱溶液。高浓度的火碱是腐蚀性毒物，使用时一定要小心。如果让火碱液和物体表面的图案、颜料和纺织品保持较长时间的接触，将会对这些东西带来损害。但碱液不损害猪舍的木制品、搪瓷品、泥制品和除铝制品以外的金属制品。

用石灰（氧化钙、生石灰）制成 20% 的溶液是最便宜的消毒剂中的一种，用来刷白物体表面消毒，将提供一个好的消毒效果，用于猪舍建筑物也有很大好处。石灰粉末可以撒在院子里或者撒在水泥地面上，用作普通的消毒。它还可以用来干燥猪的皮肤和蹄叶，但可能导致猪蹄被感染（腐蹄病），因此，应避免在水泥地面上过量使用石灰。

（3）洗涤剂。肥皂或其他洗涤剂是温和的消毒剂，它们对某些革兰氏阳性菌如常以皮肤为栖息地的一些细菌有杀菌作用，但对于与粪便污染物有关的革兰阴性菌则效果不大。但是肥皂这类消毒剂的主要价值在于对污染的有机物质的机械清除作用。

（4）卤素消毒剂。卤素类消毒剂，例如，氯气和碘，有强大的抗菌能力，在有机物质存在的情况下，碘比氯气作用更强。碘液的效力是和碘液中的以游离状态存在的碘离子直接相关的。碘酊是碘元素溶解在酒精里制成的2%的溶液，是很有效的防腐药，浓度更高的碘酊（7%）有更大的抗菌作用，但是对组织有更大的刺激。碘伏是一个碘和溶解性油包水佐剂的复合物，它们不会附着染色，没有刺激性，也没有产生过敏反应的危险。碘伏有时指的是：软化的碘盐，用来消毒水泥地板和分娩猪舍设施。准备在仪器上使用的碘伏含有磷酸液，不能用于皮肤的消毒。

（5）酒精。酒精被用作防腐剂，乙醇是使用最广泛的。而擦拭用酒精（异丙基乙醇）是最适合一般的防腐抗菌使用，因为，它既无毒又价格便宜。这两种酒精都是好的皮肤防腐剂，在外科器械消毒中用途广泛。

（6）甲醛。用福尔马林熏蒸已经成为杀死猪舍中细菌菌体和孢子、病毒和真菌的很有效的办法，由于有效的熏蒸依赖于在大气中保持一个满意的气体浓度和时间，所以，熏蒸时建筑物必须被封闭，熏蒸前建筑物也必须被彻底清洁。

最常用的熏蒸方法是：在整个建筑物里每隔3m放置一桶，里面放入高锰酸钾，然后从出口处的远端开始，快速地依次在每个桶里的高锰酸钾上面倒入340g的福尔马林溶液（40%甲醛溶液），每个桶里产生的气体能够消毒30m$^3$的空间。熏蒸前，所有物体表面应当加湿15分钟左右，建筑物也必须密封至少8个小时。因为甲醛气体在温度低于18℃时开始冷却液化，温度高于27℃时可达到最大效力。熏蒸对动物和人特别危险，严禁吸入甲醛气体，熏蒸后使用建筑物前，建筑物要换气至少24小时。

（7）脚浴。脚浴池对预防猪舍建筑物之间的污染是有效的。

它们也随时充当猪舍需要适当的卫生措施的提示作用。许多商业产品可用于脚浴池，大部分药浴是酚。要对鞋子进行有效的消毒，脚浴液中消毒剂的浓度必须保持在0.1%的水平上，脚浴液能够被肥皂灭活，在硬水里它们的效力也将减退（硬水是指含有钙等矿物质较多的水）。如果脚浴液不能很好地浓度维持，它们将变得无效，而且可能变成一个传染源，并造成安全的假象。

有效脚浴池的特点：①长度和宽度必须足够，以强迫人们步行穿过它们；②必须至少10cm深；③必须定期排干和清洁；④不允许脚浴液外溢、冰冻或干燥；⑤当脚浴池变得很脏和失去作用时，脚浴池消毒药必须经常更换。

## 四、防疫制度和免疫程序

根据各地猪场疫病发生情况，拟订适合于本地区的免疫程序。平时注意观察小型猪的精神状况、饮食情况、粪便有无异常及身体不适等症状，如沉郁、呆立、食欲不佳、便秘、下痢和呕吐等。发现疾病后及时作出正确诊断，进行合理有效地治疗。小型猪养殖主要预防猪瘟、猪副伤寒、猪丹毒、水肿病、日本脑炎和猪细小病毒传染病，还要注射猪传染性胃肠炎、猪萎缩性鼻炎疫苗。近年来，根据猪病流行情况及发展趋势还要对高致病性蓝耳病、口蹄疫、圆环病毒等疫病加以防控。另外对养殖场周围环境要经常打扫卫生、除草、灭鼠、灭蝇、灭蚊。对新购入的小型猪至少要经过15天的隔离检疫，并使其适应新的环境后才能混群饲养。用于试验的小型猪试验完毕后要进行妥善处理。

一旦发生重大疫病，应立即上报并对猪场进行封锁，对发病猪舍进行隔离，并由专人负责。首先要提高对生物安全重要性的认识。猪舍选址除应符合环境卫生、公共卫生和防疫要求外，还应考虑到南方夏季炎热气候对猪适应性的影响。其次，认真对待引种工作，控制病原带进猪场。引种不慎往往是暴发疫情的主要

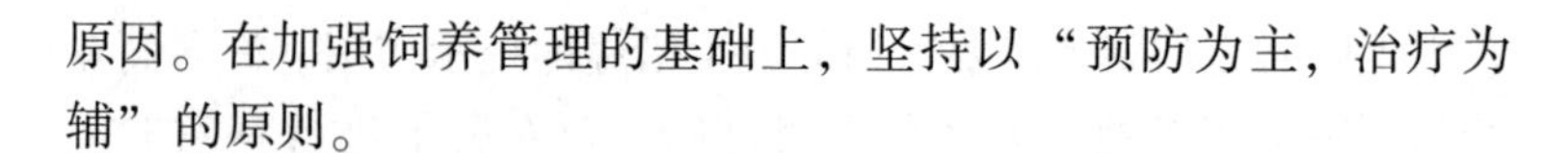


原因。在加强饲养管理的基础上，坚持以“预防为主，治疗为辅”的原则。

## 五、传染病与免疫接种

### （一）传染性病原和寄生虫

传染病的发生是由于猪被足够数量的病原感染的结果，偶尔，仅有几个细菌也可以开始引发疫病。一些病原在宿主体内的存活决定于宿主对病原的抵抗力和侵入机体的病原的繁殖能力，潜伏期的定义是发生感染和感染发展为临床症状的期间的一段时间。

传染性病原是来源于动物体内或体表，可以带来伴随症状或没有可见症状的疫病以及具有生物结构的一类成员。病毒、细菌和各种类型的寄生虫通常是对畜禽带来传染病的传染源。

1. 病毒

病毒并不像我们熟悉的普通的活细胞，它们是亚显微颗粒，由蛋白质外壳包绕着 DNA（脱氧核糖核酸）和 RNA（核糖核酸）构成。病毒颗粒有各种形状，病毒需要在活的动物细胞内生长和繁殖，只有它和一个活细胞结合时才能存活，病毒需要选择特异性组织细胞才能生长和繁殖。大量的不同类型的病毒可能在口、气管、肺，甚至在肠道和粪便中存在，因此，正常健康的猪可能是一个病毒携带者和潜在的疫病散播者。

2. 细菌

细菌和病毒比较，细菌要大得多，细菌在菌体大小、形状和致病能力方面差异很大。它们能够排列成球状（葡萄球菌）、链状（链球菌）、链球类（链杆菌），还有一些细菌的形状像弹簧（猪密螺旋体）。

3. 寄生虫

寄生虫是一类依靠它们寄生的宿主的营养来生活和繁殖，却

不给它的宿主以任何回报的生物。寄生虫在形体大小上差异巨大，从极微小的单细胞原生动物如球虫和血液寄生虫到真菌传染源，到相当大的生物如虱子、疥螨和肠道蛔虫等。

（二）免疫接种

动物对疫病抵抗力可以用特异性疫苗注射猪，刺激免疫系统产生抗体而被提高，如果一个免疫接种计划能够最有效地满足你的猪场的需要，这个计划就是最有效的。疫苗并不能保证不发生疫病，免疫接种也不能代替良好的管理。

在每一个免疫接种计划中，“不正常”的情况肯定会发生，为什么一些疫苗的效果似乎比其他种类的好，为什么不能依靠疫苗对一个畜群提供完全的保护，下面是可能的理由。

（1）微生物病原本身和它的疫苗在刺激抗体产生上有极大差异（抗原性差异），因此，一些疫苗较其他疫苗必须更多次注射。

（2）不同的动物个体产生免疫反应的能力差异很大，引起应激反应的一些因素，如营养不良和并发疾病对其影响很大，因此，在一个免疫接种的动物群内部，一些个体较其他动物对疫苗有更好的免疫反应，获得了较好的保护。

（3）一个毒力更强的病毒和细菌的挑战，仍可以带来被免疫的动物发病或死亡，这样一种挑战可以压倒以前被免疫接种所产生的免疫力。

（4）有些经济损失很大的猪病是由多种因素引起的，是一个复合因素包括糟糕的环境和饲养方式带来的，在这些疫病里，病原微生物有时在疫病发生的原因中只扮演了一个极小的角色，因此，在许多的这类猪群中，一个目的明确的较高水平的专业化管理，和疫苗的作用比较，作用相等甚至更大，将对畜主带来显著的经济回报。

免疫接种计划的选择是要在征询了兽医的意见后，慎重做出决定的。在你决定要使用疫苗免疫接种前，要考虑以下的因素。

①如果疫病暴发而导致的损失，包括动物死亡的损失、治疗的花费、生产能力的损失等，后者指繁殖率、受孕率、分娩率和断奶前后死亡率。

②疫苗的费用。

③疫苗的效力。疫苗效力随疫苗不同而差异，并依赖于所需要的免疫类型。

④疫病发生的危险性。一些疫病是很普遍的，在正常的健康水平下的常规管理中，可以在任何时间发生，如猪丹毒、细小病毒和大肠杆菌病等。而像放线杆菌肺炎和传染性胃肠炎是一类不常发生的疫病，因此，用常规的免疫接种抵抗这些疫病可能是不经济的，而对流行危险性高的疫病进行免疫是合适的。

⑤其他控制措施。卫生措施是控制仔猪感染疫病的最主要工具，这包括彻底地清扫分娩猪舍，在把母猪放入分娩隔离间前清洗母猪，每天清扫粪便以及理想的猪舍温度，以保持动物抗病力最大。动物管理也是一个主要的健康原因，不同年龄组的猪舍要隔离开，尽量减少畜群的移动和混群，后备母猪在第一次配种和进入种猪群以前，要与种畜群有良好接触和处理措施，以便使它们能够对存在于猪群中的病原微生物产生快速的免疫反应。

## 六、全进全出管理对防疫保健的作用

生长迟缓和对疫病敏感是 3～4 周龄断奶仔猪最大的问题。因此，精心的仔猪护理有助于减少断奶时处于应激状态仔猪的疫病流行，断奶仔猪对各种疫病高度敏感。

全进全出管理系统有 4 个主要的优点。

1. 减少传染病发生的危险

在突然断奶后，自然环境和微生物菌群对仔猪的健康和生长有显著的影响，畜群的“全进全出”管理可预防以前猪舍里发

生过的传染病传给新进入的断奶猪群。全进全出也提供了严格的环境控制，以满足不同日龄猪身体所需要的舒服条件，明显地减少了传染性呼吸道病和肠道疾病的发生。

2. 可以移出全部猪只空出猪舍和进行彻底的清洁

全进全出要求在一批新仔猪被引入这个猪舍以前，全部转出原来猪只，空出猪舍，彻底清洁这些断奶仔猪将生活的猪舍和设备，因此，建议将猪的护理和猪舍的建筑设计这二者要相结合。

3. 减少抗生素的需求

猪肉消费者关心肉品中抗生素残留。高度集约化的养猪业增加了疫病的发生率，导致大量使用抗生素。抗生素确实成功地控制了部分疫病，然而，关于萎缩性鼻炎的研究已经表明，在分离到的支气管败血性“波氏杆菌”（造成萎缩性鼻炎的病因之一）中很大部分变得对磺胺类药物有抵抗力，产生了耐药性，感染生长猪的其他病原微生物有类似的倾向。大范围地广泛使用抗生素可能最终导致出现更多的微生物抗药菌株，使得有效的治疗更加困难。而全进全出系统由于减少了疫病发生危险和能够采取严格的消毒措施，可以减少对抗生素的需要。

4. 全进全出技术支持基本的动物疫病控制原则

一组猪的健康指标通常是通过建立在以猪群的数量为基础的猪的死亡数（死亡率）来估测的基础之上的，但另一方面，预期的生产性能的降低也是反映疫病影响的更加重要的指标。建立在把易感仔猪移到彻底清扫过的生产猪舍里的全进全出系统，给猪提供了最佳的生长条件，配合一个设计很好的记录系统，你将能够准确地测算出一个养猪单元对任何希望采用的疫病控制方案后发生的变化。因此，全进全出系统还有一个使监测指标容易操作的额外作用。

## 第二节　小型猪病毒性疾病的防治

### 一、猪瘟

猪瘟又称“烂肠瘟”，是由猪瘟病毒引起的猪的一种急性、高度传染性疾病，特征为高热稽留和小血管壁变性引起广泛出血、梗塞和坏死，具有很高的发病率和死亡率。

1. 病原

猪瘟病毒是黄病毒科瘟病毒属的一个成员。猪瘟病毒对环境的抵抗力不强，乙醚、氯仿和去氧胆酸盐等脂溶剂可很快使病毒失活。2%氢氧化钠仍是最合适的消毒药。

2. 流行病学

猪是本病唯一的自然宿主，病猪和带毒猪是最主要的传染源，易感猪与病猪的直接接触是病毒传播的主要方式。感染猪在发病前即可从口、鼻及泪腺分泌物、尿和粪中排毒，并延续整个病程。康复猪在出现特异抗体后停止排毒。因此，强毒株感染在10～20天内大量排出病毒，而低毒株感染后排毒期短。强毒在猪群中传播快，造成的发病率高。慢性的感染猪不断排毒或间歇排毒。

本病一年四季均可发生，一般以春、秋较为严重。急性暴发时，先是几头猪发病，往往突然死亡。继而病猪数量不断增多，多数猪呈急性经过和死亡，3周后逐渐趋向低潮，病猪多呈亚急性或慢性，如无继发感染，少数慢性病猪在1个月左右恢复或死亡，流行终止。

近年来猪瘟流行发生了变化，出现非典型猪瘟、温和型猪瘟，以散发性流行。发病特点临床症状轻或不明显，死亡率低，病理变化不特征，必须依赖实验室诊断才能确诊。

3. 症状

根据临床症状和特征，猪瘟可分为急性、慢性和迟发性 3 种类型。

急性型：表现为突然发病，体温升高至 41～42℃，皮肤和结膜发绀、出血，出现精神沉郁，厌食，经一至数天发生死亡。

亚急性型：病猪同样可出现上述症状，不同之处是发病至死亡时间延长，其间可出现粪便干稀交替，眼睛周围见黏性—脓性分泌物，皮肤和黏膜以出血为主，多于发病后 14～20 天后死亡。

慢性型：主要表现为消瘦、贫血、全身衰弱、常伏卧，行走时缓慢无力，时有轻热，食欲缺乏，便秘和腹泻交替。有的皮肤可见紫斑和坏死痂，病程可达一个月以上，有的能够自然康复。

非典型和不明显猪瘟可归纳至迟发型猪瘟范围内。可以是先天性感染猪瘟病毒，出生后在相当长的时间内呈无病状态，数月后患猪才表现出轻度的厌食，精神沉郁，结膜炎、皮炎，下痢和局部运动失调、后肢麻痹等。若出生后接种猪瘟病毒弱毒株，也可造成持续性的隐性感染。

母猪感染猪瘟病毒，在妊娠后期可出现流产、死胎、木乃伊胎和畸形胎。

4. 病变

猪瘟的病理变化可从以下几个方面去认证：全身淋巴结肿胀、水肿和出血，呈现红白或红黑相间的大理石样变化；肾组织被膜下（皮质表面）呈点状出血；膀胱黏膜、喉、会厌软骨、肠系膜、肠浆膜和皮肤呈点或斑状出血；脾脏的梗死是猪瘟最有诊断意义的病变，它由毛细血管栓塞所致，稍高于周围的表面，以边缘多见，呈紫黑色。胆囊、扁桃体发生梗死；回盲瓣处淋巴组织扣状肿，若有继发感染，可见扣状溃疡；死胎仔猪出现明显的皮下水肿、腹水和胸腔积液。

5. 防制

严格执行疫苗接种程序，临床出现猪瘟症状后可使用黄芪多糖注射液经肌内注射进行初步治疗，同时，考虑口服抗生素预防或治疗继发感染。上述措施对于非急性病猪具有良好效果。

加强平时的预防措施可有效地减少本病的发生，其基本原则主要是预防传染源和传播媒介的引进，提高猪群的抵抗力。提倡自繁自养，若由外地引进新猪，应到无病地区选购，做好预防接种，到场后，隔离检疫2～3周；泔水饲料要充分煮沸消毒；猪舍要经常消毒，禁止闲杂人员和其他动物进入猪舍，对于猪的流通环节实行严格的检疫。

发生疫情后要实行紧急措施，对可疑病猪要立即隔离或扑杀，其他有感染可能的猪只要就地隔离观察，病猪接触的所有物品要充分消毒，扑杀的猪只应焚烧深埋，疫区封锁，受威胁区进行紧急预防注射。

## 二、口蹄疫

口蹄疫是由口蹄疫病毒引起的急性热性高度接触性传染病，主要侵害偶蹄兽，偶见于人和其他动物。临诊上以口腔黏膜、蹄部及乳房皮肤发生水疱和溃烂为特征。

1. 病原

口蹄疫病毒（FMDV）属于微核糖核酸病毒科中的口蹄疫病毒属。有7个血清型，即O、A、C、SAT1、SAT2、SAT3（即南非1型、2型、3型）以及Asia1（亚洲Ⅰ型）。同型各亚型之间交叉免疫程度变化幅度较大，亚型内各毒株之间也有明显的抗原差异。病毒的这种特性，给本病的检疫、防疫带来很大困难。

FMDV在病畜的水疱皮内及其淋巴液中含毒量最高。在水疱发展过程中，病毒进入血流，分布到全身各种组织和体液。在发热期血液内的病毒含量最高，退热后在奶、尿、口涎、泪、粪便

等都含有一定量的病毒。

FMDV 对外界环境的抵抗力较强，不怕干燥。病毒对酸和碱十分敏感，因此很多均为 FMDV 良好的消毒剂。肉品在 10～12℃经 24 小时，或在 4～8℃经 24～48 小时，由于产生乳酸使 pH 值下降至 5.3～5.7，能使其中病毒灭活，但骨髓、淋巴结内不易产酸，病毒能存活 1 月以上。水疱液中的病毒在 60℃经 5～15 分钟可灭活，80～100℃很快死亡，在 37℃温箱中 12～24 小时即死亡。鲜牛奶中的病毒在 37℃可生存 12 小时，18℃生存 6 天，酸奶中的病毒迅速死亡。

2. 流行病学

口蹄疫病毒侵害猪，仔不但易感而且死亡率也高。病畜是最危险的传染源。在症状出现前，从病畜体开始排出大量病毒，发病极期排毒量最多。在病的恢复期排毒量逐步减少。病毒随分泌物和排泄物同时排出。水疱液、水疱皮、奶、尿、唾液及粪便含毒量最多，毒力也最强，富于传染性。病毒常借助于直接接触方式传递，间接接触传递也富有实际意义。消化道是最常见的感染门户。也能经损伤的黏膜和皮肤感染。近年来证明呼吸道感染更易发生，并证实家畜在自然感染后不久，病毒就能随分泌物和呼出的气体排出，认为病毒不仅在消化道繁殖，更常在呼吸道黏膜繁殖。

各种相关物品均可成为传染源。近年来证明，空气也是口蹄疫的重要传播媒介。口蹄疫的传播可呈跳跃式传播流行，一般冬、春季较易发生大流行，夏季减缓或平息。但在大群饲养的猪舍，本病并无明显的季节性。

3. 症状

潜伏期 1～2 天，病猪以蹄部水疱为主要特征，病初体温升高至 40～41℃，精神不振，食欲减少或废绝。口黏膜（包括舌、唇、齿龈、咽、腭）形成小水疱或糜烂。蹄冠、蹄叉、蹄踵等部出现局部发红，微热、敏感等症状，不久逐渐形成米粒大、蚕豆大的水疱，水疱破裂后表面出血，形成糜烂，如无细菌感染，一周左右痊愈。如有继发感染，严重者影响蹄叶、蹄壳脱落。患肢不能茸地，常卧地不起，病猪鼻镜、乳房也常见到烂斑，尤其是哺乳母猪，乳头上的皮肤病灶较为常见，但也发于鼻面上。其他部位皮肤如阴唇及睾丸上的病变少见，还可常见跛行，有时流产，乳房炎及慢性蹄变形。吃奶仔猪的口蹄疫，通常呈急性胃肠炎和心肌炎而突然死亡。病死率可达60%～80%，病程稍长者，亦可见到口腔（齿龈、唇、舌等）及鼻面上有水疱和糜烂。

4. 病变

动物口蹄疫除口腔和蹄部的水疱和烂斑外，在咽喉、气管、支气管和前胃黏膜有时可见到圆形烂斑和溃疡，真胃和肠黏膜可见出血性炎症。另外，具有重要诊断意义的是心脏病变，心包膜有弥散性及点状出血，心肌松软，心肌切面有灰白色或淡黄色斑点或条纹，好似老虎皮上的斑纹，故称“虎斑心”。

5. 防制

防制本病应根据本国实际情况采取相应对策。无病国家一旦暴发本病应采取屠宰病畜、消灭疫源的措施；已消灭了本病的国家通常采取禁止从有病国家输入活畜或动物产品，杜绝疫源传人；有本病的地区或国家，多采取以检疫诊断为中心的综合防制措施，一旦发现疫情，应立即实现封锁、隔离、检疫、消毒等措施，迅速通报疫情，查源灭源，并对易感畜群进行预防接种，以及时拔除疫点。

（1）预防接种。发生口蹄疫时，需用与当地流行的相同病毒型、亚型的弱毒疫苗或灭活疫苗进行免疫预防。弱毒疫苗由于毒力与免疫力之间难以平衡，不太安全。因此，目前各国主要研制和应用灭活疫苗。不少国家采用单层或悬浮的 BHK21 细胞系和 IBRS-2 细胞系培养生产灭活疫苗，灭活剂多采用主要作用于

核酸、蛋白抗原性保护较好、且毒性小的二乙烯亚胺灭活后加油类佐剂。对疫区和受威胁区内的健畜进行紧急接种，在受威胁地区的周围建立免疫带以防疫情扩展。康复血清或高免血清用于疫区和受威胁的家畜，可控制疫情和保护幼畜。

（2）消毒。疫点严格消毒，粪便堆积发酵处理，场地，物品，器具要严格消毒。预防人的口蹄疫，主要依靠个人自身防护。

（3）治疗。家畜发生口蹄疫后，一般经 10～14 天自愈。为了防止继发感染的发生和死亡，对病猪要精心饲养，对病状较重、几天不能吃的病猪，应喂以麸糠稀粥、米汤或其他稀糊状食物，防止因过度饥饿使病情恶化而引起死亡。畜舍应保持清洁、通风、干燥、暖和，多垫软草，多给饮水。

口腔可用清水、食醋或 0.1% 高锰酸钾洗漱，糜烂面上可涂以 1%～2% 明矾或碘酊甘油（碘 7g、碘化钾 5g、酒精 100ml、溶解后加入甘油 10ml），也可用冰硼散（冰片 15g、硼砂 150g、芒硝 18g，共研磨为末）。

蹄部可用 3% 臭药水或来苏水洗涤，擦干后涂松馏油或鱼石脂软膏等，再用绷带包扎。

乳房可用肥皂水或 2%～3% 硼酸水洗涤，然后涂以青霉素软膏或其他防腐软膏，定期将奶挤出以防发生乳房炎。

恶性口蹄疫病畜除局部治疗外，可用强心剂和补剂，如安纳伽、葡萄糖盐水等。用结晶樟脑口服，每天 2 次，每次 5～8g，可收良效。

## 三、蓝耳病

猪繁殖和呼吸障碍综合征，因为仔猪表现耳朵发蓝又称蓝耳病。本病是由病毒引起猪的一种繁殖障碍和呼吸道的传染病。其特征为厌食、发热、怀孕后期发生流产、死胎和木乃伊胎；幼龄仔猪发生呼吸道症状。

1. 病原

猪繁殖与呼吸综合征病毒归属于动脉炎病毒科，动脉炎病毒属。病毒在－70℃可保存18个月，4℃保存1个月，37℃ 48小时，56℃ 45分钟完全失去感染力。对乙醚和氯仿敏感。

2. 流行病学

本病主要侵害繁殖母猪和仔猪，而育肥猪发病温和。病猪和带毒猪是本病的主要传染源。感染母猪有明显排毒，如鼻分泌物、粪便、尿均含有病毒。耐过猪可长期带毒和不断向体外排毒。公猪感染后3～27天和43天所采集的精液中均能分离到病毒。7～14天从血液中可查出病毒，以含有病毒的精液感染母猪。

本病传播迅速，主要经呼吸道感染，因此，当健康猪与病猪接触，如同圈饲养，频繁调运，高度集中更容易导致本病发生和流行。本病也可垂直传播。

3. 症状和病变

人工感染潜伏期4～7天，自然感染一般为14天。

感染此病的病猪主要表现为：体温升高，食欲缺乏，部分猪双耳、体表及乳房皮肤发绀。母猪流产、产死胎、弱仔、木乃伊胎，新生仔猪呼吸困难，高死亡率80%～90%。青年猪和公猪的症状较轻。若猪场在14天内出现下述临床指标中的2个，即可诊断为PRRS：流产或早产超过8%；死产占产仔数20%；仔猪出生后1周内死亡率超过25%。

4. 防制措施

疫苗免疫是控制本病的有效途径。灭活疫苗为预防本病的首选疫苗，适合种猪和健康猪使用。对于正在暴发或暴发过本病的商品猪场可用弱毒疫苗紧急预防接种或免疫预防。严把种猪引进关，严禁从疫场引进种猪，引进的种猪要隔离观察两周以上，发现疫情，及时处理，采取全进全出的饲养方式。定期对种母猪、种公猪进行本病的血清学检测，及时淘汰可疑病猪。

## 四、猪圆环病毒病

本病是由猪圆环病毒引起猪的一种新的传染病。主要感染8~13周龄猪，其特征为体质下降、消瘦、腹泻、呼吸困难。

1. 病原

猪圆环病毒属于圆环病毒科圆环病毒属。这科病毒有鸡贫血病毒、鹦鹉喙羽病毒。它是动物病毒中最小的一员。

2. 流行病学

猪圆环病毒分布很广，猪群血清阳性率达20%~80%。有人发现乳猪出生后母源抗体在8~9周龄时消失，但在13~15周龄又出现抗体，这说明小猪又感染了猪圆环病毒。本病主要感染断奶后仔猪，哺乳猪很少发病。如果采取早期断奶的猪场，10~14日龄断奶猪也可发病。一般本病集中于断奶后2~3周和5~8周龄的仔猪。

根据法国报道，在肥育猪场出现典型病例，发病期间平均死亡率为18%，高达35%，有的国家报道死亡率可高达50%。猪群中未见其他异常症状，母猪生殖能力正常。饲养条件差、通风不良、饲养密度高、不同日龄猪混养等应激因素，均可加重病情的发展。

3. 症状和病变

猪圆环病毒侵害猪体后引起多系统进行性功能衰弱，在临床症状表现为生长发育不良和消瘦、皮肤苍白、肌肉衰弱无力、精神差、食欲缺乏、呼吸困难。有20%的病例出现贫血、黄疸，具有诊断意义。但慢性病例难于察觉。在猪蓝耳病阳性猪场中，由于继发感染，还可见有关节炎、肺炎，这给诊断带来难度。

典型病例死亡的猪尸体消瘦，有不同程度贫血和黄疸。淋巴结肿大4~5倍，在胃、肠系膜、气管等淋巴结尤为突出，切面呈均质苍白色。肺部有散在隆起的橡皮状硬块。严重病例肺泡出血，在心叶和尖叶有暗红色或棕色斑块。脾大，肾苍白有散在白色病灶，被膜易于剥落，肾盂周围组织水肿。胃在靠近食管区常有大片溃疡形成。盲肠和结肠黏膜充血和出血点，少数病例见盲肠壁水肿而明显增厚。

4. 防制

目前尚无有效疗法，主要加强饲养管理和兽医防疫卫生措施。一旦发现可疑病猪及时隔离，并加强消毒，切断传播途径，杜绝疫情传播。

## 五、猪流行性腹泻

本病是由猪流行性腹泻病毒引起猪的一种急性接触性肠道传染病，其特征为呕吐、腹泻和脱水。临床症状和病理变化与TGE极为相似，但通过仔猪接种、直接免疫荧光、免疫电镜和中和试验，证明与TGEV在抗原性上有明显差异。

1. 病原

猪流行性腹泻病毒属于冠状病毒科冠状病毒属。本病毒对乙醚、氯仿敏感。从患病仔猪的肠灌液中浓缩和纯化的病毒不能凝集家兔、小鼠、猪、豚鼠、绵羊、牛、马、雏鸡和人的红细胞。

2. 流行病学

本病仅发生于猪，各种年龄的猪都能感染发病。哺乳仔猪、架子猪或育肥猪的发病率很高，尤以哺乳仔猪受害最为严重，母猪发病率变动很大，为15%~90%。病猪是主要传染源。病毒存在于肠绒毛上皮和肠系膜淋巴结，随粪便排出后，污染环境、饲料、饮水、交通工具及用具等而传染。主要感染途径是消化道。如果一个猪场陆续有不少窝仔猪出生或断奶，病毒会不断感染失去母源抗体的断奶仔猪，使本病呈地方流行性，在这种繁殖场，PED可造成5～8周龄仔猪的断奶期顽固性腹泻。本病多发生于寒冷季节，据我国调查，本病以12月和翌年1月发生最多。

3. 症状

潜伏期一般为5～8天，人工感染潜伏期为8～24小时。

主要的临床症状为水样腹泻，或者在腹泻之间有呕吐。呕吐多发生于吃食和吃奶后。症状的轻重随年龄的大小而有差异，年龄越小，症状越重。1周龄内新生仔猪发生腹泻后3～4天，呈现严重脱水而死亡，死亡率可达50%，最高的死亡率达100%。病猪体温正常或稍高，精神沉郁，食欲减退或废绝。断奶猪、母猪常呈现精神委顿、厌食和持续腹泻（约1周），并逐渐恢复正常。少数猪恢复后生长发育不良。肥育猪在同圈饲养感染后都发生腹泻，1周后康复，死亡率1%～3%。成年猪症状较轻，有的仅表现呕吐，重者水样腹泻3～4天可自愈。

4. 病变

眼观变化仅限于小肠，小肠扩张，内充满黄色液体，肠系膜充血，肠系膜淋巴结水肿，小肠绒毛缩短。组织学变化，见空肠段上皮细胞的空泡形成和表皮脱落，肠绒毛显著萎缩。绒毛长度与肠腺隐窝深度的比值由正常的7：1降到2：1或3：1。上皮细胞脱落最早发生于腹泻后2小时。

5. 防制

本病应用抗生素治疗无效，可参考猪传染性胃肠炎的防治办法。在本病流行地区可对怀孕母猪在分娩前2周，以病猪粪便或小肠内容物进行人工感染，刺激其产生乳源抗体，以缩短本病在猪场中的流行。

我国已研制出PEDV甲醛氢氧化铝灭活疫苗，保护率达85%，可用于预防本病。还研制PEDV和TGE二联灭活苗，这两种疫苗免疫妊娠母猪，乳猪通过初乳获得保护。在发病猪场断奶时免疫接种仔猪可降低这两种病的发生。

## 六、伪狂犬病

本病是由伪狂犬病病毒引起的一种急性传染病。感染猪的临床特征为体温升高，新生仔猪表现神经症状，还可侵害消化系统。成年猪常为隐性感染，妊娠母猪感染后可引起流产、死胎及呼吸系症状，无奇痒。本病也可以发生于其他家畜和野生动物。

1. 病原

伪狂犬病病毒，属于疱疹病毒科，疱疹病毒亚科。

2. 流行病学

猪是伪狂犬病的唯一自然宿主，对其危害大。可致妊娠母猪流产，产死胎及胎儿干尸化。对初生仔猪则引起神经症状，出现运动失调，麻痹，衰竭死亡，病死率100%。成年猪多呈隐性感染，但可引起呼吸道症状。

病猪、带毒猪及带毒鼠类是本病的主要传染源，病毒主要从病猪的鼻分泌物、唾液、乳汁和尿中排除，有的带毒猪可持续排毒一年。

传播途径主要是直接或间接接触，还可经呼吸道黏膜、破损的皮肤和配料等发生感染。妊娠母猪感染本病可经胎盘侵害胎儿，泌乳母猪感染本病的1周左右乳中有病毒出现，可持续3～5天，此时，仔猪可因哺乳而感染本病。本病潜伏期一般3～5天。

3. 症状

临床症状随年龄增长有差异。2周龄以内哺乳仔猪，病初发热，呕吐、下痢、厌食、精神不振，呼吸困难，呈腹式呼吸，继而出现神经症状，共济失调，最后衰竭而死亡。

3～4周龄猪主要症状同上，病程略长，多便秘，病死率可达40%～60%。部分耐过猪常有后遗症，如偏瘫和发育受阻。

2月龄以上猪，症状轻微或隐性感染，表现一过性发热、咳

嗽、便秘，有的病猪呕吐，多在 3～4 天恢复。如出现体温继续升高，病猪又出现神经症状，震颤、共济失调，头向上抬，背拱起，倒地后四肢痉挛，间歇性发作。

怀孕母猪表现为咳嗽、发热、精神不振。随着发生流产、木乃伊胎、死胎和弱仔，这些弱仔猪 1～2 天内出现呕吐和腹泻，运动失调，痉挛，角弓反张，通常在 24～36 小时内死亡。

4. 病变

一般无特征性病变。如有神经症状，脑膜明显充血，出血和水肿，脑脊髓液增多。扁桃体和脾均有散在白色坏死点。肺水肿、有小叶性间质性肺炎、胃黏膜有卡他性炎症、胃底黏膜出血。流产胎儿的脑和臀部皮肤出血点，肾和心肌出血，肝和脾有灰白色坏死灶。组织变化见中枢神经系统呈弥漫性非化脓性脑膜炎，有明显血管套和胶质细胞坏死。在鼻咽黏膜，脾和淋巴结的淋巴细胞内有核包涵体。

5. 防制

(1) 治疗。本病目前无特效治疗药物，对感染发病猪可注射猪伪狂犬病高免血清，它对断奶仔猪有明显效果，同时，应用黄芪多糖中药制剂配合治疗。对未发病受威胁猪进行紧急免疫接种。

(2) 预防。①本病主要应以预防为主，对新引进的猪要进行严格的检疫，引进后要隔离观察、抽血检验，对检出阳性猪要注射疫苗，不可做种用。②种猪要定期进行灭活苗免疫，育肥猪或断奶猪也应在 2—4 月龄时用活苗或灭活苗免疫，如果只免疫种猪，育肥猪感染病毒后可向外排毒，直接威胁种猪群。③猪场要进行定期严格的消毒措施，最好使用 2% 的氢氧化钠（烧碱）溶液或酚类消毒剂。④在猪场内要进行严格的灭鼠措施，消灭鼠类带毒传播疾病的危险。

## 七、流行性感冒

流行性感冒（简称流感），是由流行性感冒病毒（简称流感病毒）引起的急性高度接触性传染病，传播迅速，呈流行性或大流行性。此病以发热和伴有急性呼吸道症状为特征。

1. 病原

流感病毒，分为 A、B、C 三型，分别属于正黏病毒科下设的 A 型流感病毒属、B 型流感病毒属和 C 型流感病毒属。

2. 流行病学

A 型流感病毒可自然感染猪。常突然发生，传播迅速，呈流行性或大流行性。猪患流感时，常能分离到 H1N1、H3N2 亚型。

A 型流感病毒的某些亚型，在无遗传重组的情况下，可从一种动物传向另一种动物，例如，H1Nl 可由猪传给人或从人传给猪；H3N2 则可从人传给猪。

病畜是主要的传染源，康复动物和隐性感染者，在一定时间内也可带毒排毒。本病在人和动物中以空气飞沫传播为主。

本病多发生于天气骤变的晚秋、早春以及寒冷的冬季。外界环境的改变、营养不良和内外寄生虫侵袭可促进病的发生和流行。

3. 症状和病变

潜伏期很短。几小时到数天。自然发病平均 4 天，人工感染则为 24 ~ 48 小时。突然发病，常全群几乎同时感染。病猪体温突然升高到 40.3 ~ 41.5℃，有时可高达 42℃。食欲减退，甚至废绝，精神极度委顿，肌肉和关节疼痛，常卧地不愿起立或钻卧垫草中，捕捉时则发出惨叫声。呼吸急促、腹式呼吸、夹杂阵发性痉挛性咳嗽。粪便干硬。眼和鼻流出黏性分泌物，有时鼻分泌物带有血色。病程较短，如无并发症，多数病猪可于 6 ~ 7 天后康复。如有继发性感染，则可使病势加重，发生格鲁布性出血性

肺炎或肠炎而死亡。个别病例可转为慢性，持续咳嗽、消化不良、瘦弱，长期不愈，可拖延1个月以上，也常引起死亡。

病变主要在呼吸器官。鼻、喉、气管和支气管黏膜出血，表面有大量泡沫状黏液，有时杂有血液。肺的病变部呈紫红色如鲜牛肉状。病区肺膨胀不全，塌陷，其周围肺组织则呈气肿和苍白色，界限分明，病变部通常限于尖叶、心叶和中间叶，常为两侧性呈不规则的对称，如为单侧性，则以右侧为常见。颈淋巴结和纵膈淋巴结肿大、充血、水肿，脾常轻度肿大，胃肠有卡他性炎症。

4. 防制

我国哈尔滨兽医研究所已成功研制出禽流感（H5 \ H9）疫苗，有灭活苗和弱毒活苗两种。动物患流感康复后，虽可获得对同一亚型的短期免疫力，但不能抵抗其他亚型的感染，因为亚型之间无交叉免疫力。在自然界A型流感病毒的亚型众多，而且可能经常发生变异，对猪禽来说，依靠少数几个亚型的疫苗往往不能奏效，因此，一般性的兽医卫生措施仍是目前防制本病的主要手段，必要时，可对疫区实行封锁措施。治疗本病尚无特效药物。一般用解热镇痛等对症疗法以减轻症状和使用抗生素或磺胺类药物，来控制继发感染。

## 八、猪传染性胃肠炎

猪传染性胃肠炎是猪的一种高度接触性肠道疾病。以呕吐，严重腹泻和失水为特征。各种年龄都可发病，10日龄以内仔猪病死率很高，可达100%，5周龄以上猪的死亡率很低，成年猪几乎没有死亡。

1. 病原

猪传染性胃肠炎病毒、属于冠状病毒科冠状病毒属，本病毒对牛、猪、豚鼠及人的红细胞没有凝集或吸附作用，对乙醚、氯仿及去氧胆酸钠敏感，对 0.5% 胰酶能抵抗 7 小时。病毒不耐热，56℃ 45 分钟，65℃ 10 分钟死亡。在阳光下暴晒6 小时即被灭活，紫外线能使病毒迅速失活。病毒在 pH 值 4 ~ 8 稳定，pH 值2.5 则被灭活。

2. 流行病学

病猪和带毒猪是本病的主要传染来源。各种年龄的猪均可感染发病，但症状轻微，并可自然康复，以 10 日龄以下的哺乳仔猪发病率和死亡率最高，随年龄的增大死亡率稳步下降；其他动物对本病无易感性。本病的发生有季节性，我国多流行于冬春寒冷季节，夏季发病少，在产仔旺季发生较多。在新发病鸡群，几乎全部猪均可感染发病，在老疫区则呈地方流行，由于经常产仔和不断补充的易感猪发病，使本病在猪群中常在。

TGE 的发生和流行有明显季节性，一般多发生于冬季和春季，发病高峰为 1—2 月。病毒传播可通过猪的直接接触。母猪乳汁可以排毒，并通过乳汁传播给哺乳仔猪，也可以通过呼吸道传播。粪便带有病毒可经口、鼻感染传播。病后康复猪带毒时间可长达 8 周，是发病猪场主要传染源。

3. 症状

仔猪的典型临床表现是突然的呕吐，接着出现急剧的水样腹泻，粪水呈黄色、淡绿伙发白色。病猪迅速的脱水，体重下降，教室萎靡，被毛粗乱无光。吃奶减少或停止吃奶、战栗、口渴、消瘦，于 2 ~ 5 日内死亡，一周龄以下的哺乳仔猪死亡率 50% ~ 100%，随着日龄的增加，死亡率降低；病愈仔猪增重缓慢，生长发育受阻，甚至成为僵猪。架子猪、肥猪及成年母猪主要是食欲减退或消失，水样腹泻，粪水呈黄绿、蛋灰或褐色，混有气泡；哺乳母猪泌乳减少或停止，3 ~ 7 天病情好转随即恢复，及少发生死亡。

4. 病变

尸体脱水明显。主要病变在胃和小肠。胃内充满凝乳块，胃底黏膜充血，有时有出血点，小肠肠壁变薄，肠内充满黄绿色或白色液体，含有气泡和凝乳块；小肠肠系膜淋巴管内缺乏乳糜。将空肠剪开，用生理盐水将内容物冲掉，在玻璃平皿内铺平，加入少量的生理盐水，在低倍显微镜下观察，可见到空肠绒毛变短，萎缩及上皮细胞变性、坏死和脱落等。

5. 防制

目前，尚无特效的药物可供治疗。停食或减食，多给清洁水或易消化饲料，小猪进行补液、给“口服补液盐”等措施，有一定的良好作用；由于此病发病率很高，传播快，一旦发病，采取隔离、消毒措施效果不大。加之康复猪可产生免疫力，猪只发病流行后停止。在规模较大的猪场一旦发病，经领导研究后，可对未分娩母猪及年龄较大猪进行人工感染；可试用猪传染性胃肠炎弱毒苗预防。

## 第三节　小型猪细菌性疾病的防治

### 一、猪丹毒

猪丹毒是一种急性传染病，通常呈高度发热的败血症急性型的病例伴有特征性皮疹，一般夏冬季发病较多。

1. 病原

猪丹毒杆菌是极纤细的杆菌，一般1%漂白粉，1%来苏水、10%石灰水，2%火碱均可杀死。

2. 传染途径

病猪和带菌猪是本病的主要传染来源，健康猪食了被污染的饲料，饮水或掘食了土壤中带菌物而引起发病，也可由撕咬的创伤和蚊蝇等媒介传染。

3. 症状

一般潜伏期为3～5天，一般分急性、亚急性和慢性3种。

（1）急性。常突然发病，体温突然增高至42℃以上，食欲下降或不吃。结膜潮红，病初粪干燥，后期下痢，发病不久病猪耳后、颈、胸腹、腋下等皮肤较薄处出现各种形状的深红方形或菱形疹块，指压不褪色，严重的，后肢麻痹，呼吸困难寒战，病程一般为3～4天。

（2）亚急性。病猪体表的红色疹块，初期坚硬，后变红，多呈扁平凸起，界限明显，体温下降，其后形成痂皮，脱落自愈，病程为8～12天。

（3）慢性。体温一般或稍高，有的四肢关节肿胀，跛行，有的常发生心内膜炎，有的发生皮肤坏死，变成革样痂皮，病猪腹部显青紫色，有的发生下痢，最后，高度衰竭死亡。

4. 剖检

（1）急性。淋巴结肿大、发红，脾大充血，樱红色，切面外翻，质地软，胃肠卡他，十二指肠和空肠段有卡他性出血性炎症，心包也常有积水，心内膜外膜可见小点出血。

（2）亚急性。皮肤红色疹块。

（3）慢性。菜花状心内膜，其次关节肿大，在关节腔内可见到纤维素性渗出物。

5. 防制

（1）坚持春秋预防注射，一般使用猪丹毒弱毒（活）菌苗，用氢氧化铝生理盐水稀释后，大小猪一律皮下注射1ml。

（2）早期使用青霉素、磺胺等，对本病也有一定疗效。

## 二、猪喘气病

猪气喘病又名地方流行性肺炎，是由猪支原体所引起的一种

急性或慢性接触性传染病，主要特征是咳嗽气喘。

1. 病原

猪肺炎霉形体是此病的病原，它主要存在于病猪的肺和呼吸道分泌物中。1%氢氧化钠溶液，20%石灰水，30%草木灰溶液能很快杀死此病原。

2. 传染途径

（1）病猪和带菌猪是此病的主要传染源，在咳嗽和打喷嚏时把霉形体排到周围环境中，健康猪和病猪直接接触，飞沫经呼吸道传染。

（2）猪只拥挤，圈舍寒冷潮湿，气候突变，感冒等其他原因可以加速此病的发生。

3. 症状

潜伏期与气候、饲养管理条件有关，一般在4～12天或更长一些，此病主要症状为咳嗽、气喘。病初短声连咳，继而痛咳，若气喘严重时，咳嗽不明显，咳嗽在早晨出圈舍时容易听到。气喘症状多在病中期出现：呼吸次数明显增加，呈明显的腹式呼吸，体温一般无明显变化，食欲正常或稍有变化，但随病情发展，气喘严重，病猪食欲下降或拒食，病猪后期常常气喘，不愿走动。

4. 剖检

最显著的病变在肺脏、心叶、尖叶、副叶和膈叶发生虾肉样变化，病变部分与正常部分界限明显，严重者病变可扩展到肺的大部分。最后常窒息而死。

5. 防制

目前治疗办法很多，但均不能根除此病，一般使用抗生素治疗。早期应用土霉素、四环素、氯霉素效果比较好，土霉素、氯霉素按1/1 000kg饲料饲喂，四环素按每千克体重30～40mg肌内注射，每天2次，连续5～7天，硫酸卡那霉素，每千克体重

3 万～4 万单位，每天 1 次，肌内注射连续 5 天，防止产生抗性。

## 三、猪肺疫

猪肺疫又称锁喉风，是由巴氏杆菌引起的一种急性传染病。

1. 病原

本病由多杀性巴氏杆菌引起。多杀性巴氏杆菌是短小阴性杆菌，有荚膜。此菌抵抗力不强，干燥通常 2～3 天死亡，1% 的火碱、漂白粉以及 2% 的来苏水在几秒钟内就可杀死。5% 石灰水中 5 分钟内杀死。

2. 发病原因

在健康猪的上呼吸道和消化道中，常有非致病性巴氏杆菌，当外界环境的改变如寒冷、过劳、饥饿、饲养管不当、营养不良和寄生虫等原因，使猪抵抗力减弱时，这些因素可增强毒力，大量繁殖使猪发病。健康猪接触病猪的排泄物可经消化道呼吸道感染。在发生猪瘟时，常常继发猪肺疫。

3. 临床症状

病猪体温升高、被毛粗乱，鼻腔流出黏性或脓性分泌物，往往带有血丝，呼吸困难，一般呈腹式呼吸，常呈犬坐姿势，食欲欲减退或拒食。病初便秘，后期下痢。在耳后、颈部、腹部内侧等皮肤出现红包斑点，叫声嘶哑。随病势发展，呼吸困难，心跳加速，终至不能起立而死亡。

慢性病猪体温一般不高，食欲时好时坏，主要是咳嗽，呼吸困难或偶尔气喘，病猪日渐消瘦，往往发生慢性关节炎，后期下痢。一般衰弱而死。

4. 剖检

肺部病变发炎，出现出血、水肿、气肿，伴有红色和灰色肝变。切面颜色如大理石样，在胸腔膜有纤维素性附着物及胶样渗出液，病程长时，胸膜与肺黏膜在肺部有干酪样（豆渣样）及

坏死性病变，胸腔和心包内带有淡红色积水。全身巴结肿大，切面呈红色。颈部常肿胀发炎。

5. 治疗

①肌内注射青霉素、链霉素，剂量加倍。②肌内注射 20% 磺胺噻唑钠液。

## 四、猪链球菌病

猪链球菌病是由多种不同群的链球菌引起的不同临诊类型传染病的总称。常见的有败血性链球菌病和淋巴结脓肿两种类型。特征为：急性病例常为败血症和脑膜炎，由 C 群链球菌引起的发病率高，病死率也高，为害大；慢性病例则为关节炎、心内膜炎及组织化脓性炎，以 D 群链球菌引起的淋巴脓肿最为常见，流行最广。

1. 症状

本病在临床上分为猪败血性链球菌病、猪链球菌性脑膜炎和猪淋巴结脓肿 3 个类型。猪败血性链球菌病：病原为 C 群马链球菌兽疫亚种及类马链球菌，D 群（即 R、S 群）及 I 群链球菌也能引发本病。潜伏期一般为 1～3 天，长的可在 6 天以上。根据病程的长短和临床表现，分为最急性、急性和慢性 3 种类型。

最急性型：发病急、病程短，多在不见任何异常表现的情况下突然死亡。或突然减食或停食，精神委顿，体温升高达 41～42℃，卧地不起，呼吸促迫，多在 6.5～24 小时内迅速死于败血症。

急性型：常突然发病，病初体温升高达 40～41.5℃，继而升高到 42～43℃，呈稽留热，精神沉郁、呆立、嗜卧，食欲减少或废绝，喜饮水。眼结膜潮红，有出血斑，流泪。呼吸促迫，间有咳嗽。鼻镜干燥，流出浆液性、脓性鼻汁。颈部、耳廓、腹下及四肢下端皮肤呈紫红色，并有出血点。个别病例出现血尿、便秘或腹泻。病程稍长，多在 3～5 天内，因心力衰竭死亡。

慢性型：多由急性型转化而来。主要表现为多发性关节炎。一肢或多肢关节发炎。关节周围肌肉肿胀，高度跛行，有痛感，站立困难。严重病例后肢瘫痪。最后因体质衰竭、麻痹死亡。

猪链球菌性脑膜炎：主要由 C 群链球菌所引起，以脑膜炎为主症的急性传染病。多见于。甫乳仔猪和断奶仔猪。哺乳仔猪的发病常与母猪带菌有关。较大的猪也可能发生。

病初体温升高，停食，便秘，流浆液性或黏液性鼻汁。迅速表现出神经症状。盲目走动，步态不稳，或做转圈运动。磨牙、空嚼。当有人接近时或触及躯体时，发出尖叫或抽搐，或突然倒地，口吐白沫，四肢划动，状似游泳，继而衰竭或麻痹，急性型多在 30～36 小时死亡；亚急性或慢性型病程稍长，主要表现为多发性关节炎，逐渐消瘦衰竭死亡或康复。

猪淋巴结脓肿：多由 E 群链球菌引起。以颌下、咽部、颈部等处淋巴结化脓和形成脓肿为特征。

猪扁桃体是 β 型溶血性链球菌常在部位，特别是康复猪，其扁桃体带菌可达 6 个月以上，在传播本病上起着重要作用。

本病经口、鼻及皮肤损伤感染。各种年龄猪均易感。以刚断奶猪至出栏育肥猪多见。传播缓慢，发病率低。因而，一旦猪群中发生本病，往往持续不断，很难清除。

猪淋巴结脓肿以颌下淋巴结发生化脓性炎症为最常见，其次在耳下部和颈部等处淋巴结也常见到。受害淋巴结首先出现小脓肿，逐渐增大，感染后 3 周达 5cm 以上，局部显著隆起，触之坚硬，有热痛。病猪体温升高、食欲减退，嗜中性白细胞增多。由于局部受害淋巴结疼痛和压迫周围组织，可影响采食、咀嚼、吞咽，甚至引起呼吸障碍。脓肿成熟后自行破溃，流出带绿色、稠厚、无臭味的脓汁。此时全身症状显著减轻。脓汁排净后，肉芽组织新生，逐渐康复。病程约 2～3 周，一般不引起死亡。

此外，C、D、E、L 群 β 型溶血性链球菌也可经呼吸道感染，引起肺炎或胸膜肺炎，经生殖道感染引起不育和流产。

2. 病变

眼观病变：死于出血性败血症的猪，可见颈下、腹下及四肢末端等处皮肤有紫红色出血斑点。急性死亡猪可从天然孔流出暗红色血液，凝固不良。胸腔有大量黄色或混浊液体，含微黄色纤维素絮片样物质。心包液增量，心肌柔软，色淡呈煮肉样。右心室扩张，心耳、心冠沟和右心室内膜有出血斑点。心肌外膜与心包膜常粘连。脾脏明显肿大，有的可大到 1～3 倍，呈灰红或暗红色，质脆而软，包膜下有小点出血，边缘有出血梗死区，切面隆起，结构模糊。肝脏边缘钝厚，质硬，切面结构模糊。胆囊水肿，胆囊壁增厚。肾脏稍肿大，皮质髓质界限不清，有出血斑点。胃肠黏膜、浆膜散在点状出血。全身淋巴结水肿、出血。脑脊髓可见脑脊液增量，脑膜和脊髓软膜充血、出血。个别病例脑膜下水肿，脑切面可见白质与灰质有小点状出血。患病关节多有浆液纤维素性炎症。关节囊膜面充血、粗糙、滑液混浊，并含有黄白色奶酪样块状物。有时关节周围皮下有胶样水肿，严重病例周围肌肉组织化脓、坏死。

3. 防制

患过链球菌病的病猪恢复后对原来的致病菌株能产生坚强的免疫力。试验研究证明，用致弱的毒株或者灭活的培养物、病料悬液接种，对原菌株能获得明显的免疫力。因此，疫苗接种是防止猪链球菌病发生的最根本的措施。为了有效预防猪链球菌病的传播，经农业部批准，首批猪链球菌二型疫苗于 2005 年 7 月在广东永顺生物制药有限公司生产。

青霉素、链霉素、土霉素及其他四环素族抗生素、磺胺嘧啶、磺胺甲基嘧啶加抗菌增效剂等药物对治疗猪链球菌病都有较好的疗效。但链球菌对抗生素、磺胺类药物容易产生抗药性。如果用药剂量不足或者病情稍有好转就中途停止用药，那么一旦病情复发再用同一药物治疗往往收不到效果，因此，必须加大剂量或者几种药物交替使用，才能取得好的疗效。某些地区（饲养场）的菌株对某些抗生素会有抗药性，最好通过药敏试验选用最有效的抗生素治疗。中草药—钩吻藤（亦称胡蔓藤、大茶药）对败血型猪链球菌病也有相当的疗效，但该草药对人畜有较强的毒性，临床上应控制剂量。以去皮干藤计算，大猪 20 ~ 30g、中猪 10 ~ 20g、小猪 5 ~ 10g，加水煎 1 ~ 2 小时后口服。每日 2 次，连用 3 日。

## 五、仔猪副伤寒

猪沙门氏菌病，又名副伤寒，是由沙门氏菌属细菌引起的疾病总称。临诊上多表现为败血症和肠炎，也可使怀孕母畜发生流产。

1. 病原

沙门氏菌属是一大属血清学相关的革兰氏阴性杆菌。

本属细菌对干燥、腐败、日光等因素具有一定的抵抗力，在外界条件下可以生存数周或数月。对于化学消毒剂的抵抗力不强，一般常用消毒剂和消毒方法均能达到消毒目的。

2. 流行病学

沙门氏菌属中的许多类型对猪均有致病性。各种年龄猪均可感染，但幼年较成年者易感。本病常发生于 6 月龄以下的仔猪，以 1 ~4 月龄者发生较多。

病猪和带菌猪是本病的主要传染源。它们可由粪便、尿、乳汁以及流产的胎儿、胎衣和羊水排出病菌，污染水源和饲料等，经消化道感染健畜。病猪与健畜猪交配或用病公猪的精液人工授精可发生感染。此外，子宫内感染也有可能。

本病一年四季均可发生。但猪在多雨潮湿季节发病较多，本

病一般呈散发性或地方流行性。饲养管理较好而又无不良因素刺激的猪群，甚少发病，即使发病，亦多呈散发性；反之，则疾病常成为地方流行性。

3. 症状

各国所分离的沙门氏菌的血清类型相当复杂，其中主要的有猪霍乱沙门氏菌、猪霍乱沙门氏菌，猪伤寒沙门氏菌、猪伤寒沙门氏菌、鼠伤寒沙门氏菌、德尔俾沙门氏菌、肠炎沙门氏菌等。潜伏期一般由2天到数周不等。临诊上分为急性、亚急性和慢性。

（1）急性（败血型）。体温突然升高（41～42℃），精神不振，不食。后期间有下痢，呼吸困难，耳根、胸前和腹下皮肤有紫红色斑点。有时出现症状后24小时内死亡，但多数病程为2～4天，病死率很高。

（2）亚急性和慢性。是本病临诊上多见的类型，与肠型猪瘟的临诊表现很相似。病猪体温升高（40.5～41.5℃），精神不振，寒战，喜钻垫草，堆叠一起，眼有黏性或脓性分泌物，上下眼睑常被黏着。少数发生角膜混浊，严重者发展为溃疡，甚至眼球被腐蚀。病猪食欲缺乏，初便秘后下痢，粪便淡黄色或灰绿色，恶臭，很快消瘦。部分病猪，在病的中、后期皮肤出现弥漫性湿疹，特别在腹部皮肤，有时可见绿豆大、干涸的浆性覆盖物，揭开见浅表溃疡。病情往往拖延2～3周或更长，最后极度消瘦，衰竭而死。有时病猪症状逐渐减轻，状似恢复，但以后生长发育不良或经短期又行复发。

有的猪群发生所谓潜伏性“副伤寒”，小猪生长发育不良，被毛粗乱，污秽，体质较弱，偶尔下痢。体温和食欲变化不大，一部分患猪发展到一定时期突然症状恶化而引起死亡。

4. 病变

急性者主要为败血症的病理变化。脾常肿大，色暗带蓝，坚度似橡皮，切面蓝红色，脾髓质不软化。肠系膜淋巴结索状肿大。其他淋巴结也有不同程度的增大，软而红，类似大理石状。肝、肾也有不同程度的肿大，充血和出血。有时肝实质可见糠麸状、极为细小的黄灰色坏死小点。全身各黏膜、浆膜均有不同程度的出血斑点，肠胃黏膜可见急性卡他性炎症。

亚急性和慢性的特征性病变为坏死性肠炎。盲肠、结肠肠壁增厚，黏膜上覆盖着一层弥漫性、坏死性和腐乳状物质，剥开见底部红色，边缘不规则的溃疡面，此种病变有时波及至回肠后段。少数病例滤泡周围黏膜坏死，稍突出于表面，有纤维蛋白渗出物积聚，形成隐约可见的轮环状。肠系膜淋巴结索状肿胀，部分成千酪样变。脾稍肿大，呈网状组织增殖。肝有时可见黄灰色坏死小点。

5. 防制

关于菌苗免疫，目前国内已研制出猪的副伤寒菌苗，必要时可选择使用。根据不少地方的经验，应用自本场（群）或当地分离的菌株，制成单价灭活苗，常能收到良好的预防效果。

本病的治疗，可选用经药敏试验有效的抗生素，如土霉素、氯霉素等，并辅以对症治疗。呋喃类（如呋喃唑酮）和磺胺类（磺胺嘧啶和磺胺二甲基嘧腚）药物也有疗效，可根据具体情况选择使用。为了防止本病从猪传染给人，病猪应严格执行无害化处理，加强屠宰检验。

## 六、猪痢疾

猪痢疾是由致病性猪痢疾蛇形螺旋体引起猪的一种肠道传染病。其特征为大肠黏膜发生卡他性出血性炎症，有的发展为纤维素坏死性炎症，临床表现为黏液性或黏液出血性下痢。

1. 病原

本病的病原体为猪痢疾蛇形螺旋体，又称为猪痢疾短螺旋

体，有4~6个弯曲，两端尖锐，呈缓慢旋转的螺丝线状，革兰氏染色阴性。

猪痢疾蛇形螺旋体对外界环境抵抗力较强，在粪便中5℃存活61天，25℃存活7天，在土壤中4℃能存活102天，-80℃存活10天以上。对消毒药抵抗力不强，普通浓度的过氧乙酸、来苏尔和氢氧化钠均能迅速将其杀死。

2. 流行病学

病猪和带菌猪是主要传染源，康复猪带菌可长达数月，经常从粪便中排出大量菌体，污染周围环境、饲料、饮水或经饲养员、用具、运输工具的携带而传播。本病的传染途径是经消化道，健康猪吃下污染的饲料、饮水而感染。运输、拥挤、寒冷、过热，或环境卫生不良等诱因都是本病发生的应激因素。

本病流行经过比较缓慢，持续时间较长，且可反复发病。本病往往先在一个猪舍开始发生几头，以后逐渐蔓延开来。在较大的猪群流行时，常常拖延达几个月，直到出售时仍有猪只发病。症状潜伏期3天至2个月以上。自然感染多为1~2周。

3. 症状

潜伏期3天至2个月以上。自然感染多为1~2周。一般可分为最急性、急性和慢性3个类型。

最急性：往往突然死亡。病初精神稍差，食欲减少，粪便变软，表面附有条状黏液。以后迅速下痢，粪便黄色柔软或水样。重病例在1~2天间粪便充满血液和黏液。随着病程的发展，病猪精神沉郁，体重减轻，迅速消瘦，弓腰缩腹，起立无力，极度衰弱，最后死亡。病程约1周。

亚急性和慢性：病情较轻，下痢，黏液及坏死组织碎片较多，血液较少，病期较长。进行性消瘦，生长迟滞。不少病例能自然康复，但在一定的间隔时间内，部分病例可能复发甚至死亡。病程为1个月以上。

4. 病变

病变局限于大肠、回盲结合处。大肠黏膜肿胀，并覆盖着黏液和带血块的纤维素。大肠内容物软至稀薄，并混有黏液、血液和组织碎片。当病情进一步发展时，黏膜表面坏死，形成假膜；有时黏膜上只有散在成片的薄而密集的纤维素。剥去假膜露出浅表糜烂面。其他脏器无明显病变。

5. 防制

（1）严禁从疫区引进生猪，必须引进时，应隔离检疫 2 个月。

（2）猪场实行全进全出饲养制，进猪前应按消毒程序与要求对猪舍进行消毒，加强饲养管理，保持舍内外干燥，防鼠灭鼠措施严格，粪便及时无害处理，饮水应加含氯消毒剂处理。

（3）发病猪场最好全群淘汰，彻底清理和消毒，空舍 2 ~ 3 个月，再引进健康猪。

## 七、大肠杆菌病

1. 病原

已知大肠杆菌有菌体（O）抗原 171 种，表面（K）抗原 103 种，鞭毛（H）抗原 60 种，因而构成许多血清型。在引起猪肠道疾病的血清型中，有肠致病性大肠杆菌、肠产毒素性大肠杆菌、肠侵袭性大肠杆菌、肠出血性大肠杆菌。

2. 流行病学

一般使仔猪致病的血清型往往带有 K88 抗原。幼龄畜禽对本病最易感。在猪，自出生至断乳期均可发病，仔猪黄痢常发于生后 1 周以内，以 1 ~ 3 日龄者居多，仔猪白痢多发于生后 10 ~ 30 天，以 10 ~ 20 日龄者居多，猪水肿病主要见于断乳仔猪；

病猪和带菌猪是本病的主要传染源，通过粪便排出病菌，散布于外界，污染水源、饲料，以及母猪的乳头和皮肤。经消化道

而感染。

本病一年四季均可发生，仔猪发生黄痢时，常波及一窝仔猪的90%以上，病死率很高，有的达100%；发生白痢时，一窝仔猪发病数可达30%～80%；发生水肿病时，多呈地方流行性，发病率10%～35%，发病者常为生长快的健壮仔猪。

3. 症状与病变

仔猪。因仔猪的生长期和病原菌血清型不同，本病在仔猪的临诊表现也有不同。

黄痢型：又称仔猪黄痢。潜伏期短，生后12小时以内即可发病，长的也仅1～3天，较此更长者少见。一窝仔猪出生时体况正常，经一定时日，突然有1～2头表现全身衰弱，迅速死亡，以后其他仔猪相继发病，排出黄色浆状稀粪，内含凝乳小片，很快消瘦、昏迷而死。剖检尸体脱水严重，皮下常有水肿，肠道膨胀，有多量黄色液状内容物和气体，肠黏膜呈急性卡他性炎症变化，以十二指肠最严重，肠系膜淋巴结有弥漫性小点出血，肝、肾有凝固性小坏死灶。

白痢型：又称仔猪白痢。病猪突然发生腹泻，排出乳白色或灰白色的浆状、、糊状粪便，具腥臭，性黏腻。腹泻次数不等。病程2～3天，长的1周左右，能自行康复，死亡的很少。剖检尸体外表苍白、消瘦、肠黏膜有卡他性炎症变化，肠系膜淋巴结轻度肿胀。

水肿型：又称猪水肿病。是小猪的一种肠毒血症，其特征为胃壁和其他某些部位发生水肿。发病率虽不很高，但病死率很高，给小猪的培育造成损失。主要发于断乳仔猪，小至数日龄，大至4月龄也偶有发生。体况健壮、生长快的仔猪最为常见。其发生似与饲料和饲养方法的改变、气候变化等有关。初生时发过黄痢的仔猪一般不发生本病。病猪突然发病，精神沉郁，食欲减少或口流白沫。体温无明显变化，心跳疾速，呼吸初快而浅，后来慢而深。常便秘，但发病前 1～2 天常有轻度腹泻。病猪静卧一隅，肌肉震颤，不时抽搐，四肢划动做游泳状，触动时表现敏感，发呻吟声或做嘶哑的叫鸣。站立时背部拱起，发抖：前肢如发生麻痹，则站立不稳；至后躯麻痹，则不能站立。行走时四肢无力，共济失调，步态摇摆不稳，盲目前进或做圆圈运动。水肿是本病的特殊症状，常见于脸部、眼睑、结膜、齿龈，有时波及颈部和腹部的皮下。有些病猪没有水肿的变化。病程短的仅数小时，一般为 1～2 天，也有长达 7 天以上的。病死率约 90%。

剖检病变主要为水肿。胃壁水肿，常见于大弯部和贲门部，也可波及胃底部和食道部，黏膜层和肌层之间有一层胶冻样水肿，严重的厚达 2～3cm，范围约数厘米。胃底有弥漫性出血变化。胆囊和喉头也常有水肿。大肠系膜的水肿也很常见，有些病猪直肠周围也有水肿。小肠黏膜有弥漫性出血变化。淋巴结有水肿和充血、出血的变化。心包和胸腹腔有较多积液，暴露空气则凝成胶冻状。肺水肿也不少见，大脑间有水肿变化。有些病例肾包膜增厚、水肿，积有红色液体，接触空气则凝成胶冻样，皮质纵切面贫血，髓质充血或有出血变化。膀胱黏膜也轻度出血。有的病例没有水肿变化，但有内脏出血变化，出血性肠炎尤为常见。

4. 防控

可使用经药敏试验对分离的大肠杆菌血清型有抑制作用的抗生素和磺胺类药物，如氯霉素、土霉素、磺胺甲基嘧啶、磺胺咪、呋喃唑酮等，并辅以对症治疗。近年来，使用活菌制剂，如促菌生、调痢生等治疗畜禽下痢，有良好功效。

控制本病重在预防。怀孕母猪应加强产前产后的饲养和护理，仔猪应及时吮吸初乳，饲料配比适当，勿使饥饿或过饱，断乳期饲料不要突然改变。对密闭饲养的猪群，尤其要防止各种应激因素的不良影响。用针对本地（场）流行的大肠杆菌血清型

制备的多价活苗或灭活苗接种妊娠母猪或种猪，可使仔猪获得被动免疫。近年来使用一些对病原性大肠杆菌有竞争抑制基因工程苗，987P 基因工程苗，K88、K99 双价基因工程苗以及 K88、K99、987P 三价基因工程苗，均取得了一定的预防效果。

## 第四节　小型猪营养代谢性疾病的防治

### 一、消化不良

猪消化不良属于猪的常见病之一，是指猪胃肠黏膜表层发生的轻度炎症，也称为胃肠卡他。猪的消化系统器官机能由于受到扰乱或某些障碍，使猪的胃肠消化、吸收机能减退，食欲减少或停止，从而导致猪的消化不良。按疾病经过，分为急性消化不良和慢性消化不良。按病变部位，分为以胃和小肠为主的消化不良和以大肠为主的消化不良。

猪消化不良死亡率很低或无死亡，但影响猪的正常生长发育，降低饲料的利用率，影响养猪效益。

1. 病因

饲养管理不当是造成本病的主要原因。此病多发于秋末冬初或冬末春初时节，此时节由于气候变化无常，饲料转换频繁，缺少青绿饲料，如果饲养管理中饲料过渡不当，加之气候变化，猪只易发生此病。

猪的消化不良多发生于仔猪，其他猪也有发生，但较少见。

仔猪发生消化不良的因素有两个方面，一方面，怀孕母猪饲养管理差，饲料中缺乏蛋白质、维生素和某些矿物质，因而使胎儿在母体内正常发育受到影响，出生后体质衰弱，抵抗力低下，极易消化不良；另一方面，是对初生仔猪管理不当，吃初乳过晚，猪舍寒冷潮湿，卫生条件差也是造成仔猪消化不良的重要因素。

此外，饲喂条件突然改变，饲料温度变化无常，时饥时饱或喂食过多，饲喂粗硬或冰冻的饲料，饲料中混有泥沙或带有毒物质，饲料霉烂变质，饮水不洁等，都会致使猪消化功能受到扰乱，胃肠黏膜表层发炎；饲喂过多蛋白质、脂肪和高糖饲料，也易导致消化不良；某些传染病、热性病和胃肠道寄生虫病等也常伴发消化不良。这些因素也是引起其他猪消化不良的重要原因。

2. 症状

猪发生消化不良主要症状表现是不爱吃食，生长迟缓，精神不振，喜饮水，口臭，有舌苔，有时表现腹痛，呕吐。

10 日龄以内的仔猪为黄色黏性的稀粪，少数开始就呈黄色水样稀粪。如能较快痊愈，不久即可转为黄色条状粪便。如病期延长，可能转为灰黄色黏性粪便。10～30 日龄的仔猪发生消化不良时，多数开始时就呈灰色黏性或水样粪便。以后可能转为灰色或灰黄色条状，最后为球状而痊愈。其他日龄的病猪，一般粪便干硬，有时拉稀，粪内混有未消化的饲料。体温一般正常。

3. 诊断

主要依据饲养管理情况和临床症状进行综合判断。病猪不爱吃食，精神不振，咀嚼缓慢，饮水增加，口臭严重，舌苔明显，重病例有时出现腹痛、腹胀和呕吐，呕吐物酸臭，粪便干硬，有时排稀便，粪内常混有胃肠黏膜和未消化的饲料。体温一般没有明显变化。以胃和小肠为主的消化不良，口腔症状明显，口臭重，舌苔厚，黏膜潮红，食欲大减或废绝异嗜，常发生呕吐，伴有便秘。以大肠为主的消化不良，炎症主要在大肠，粪便稀软或呈水样，气味恶臭，混有肠黏膜。肠音亢进。如果食欲、口腔、粪便同时发生大的变化，则表明胃和肠同时出现炎症。病程持续，则转为慢性，病猪逐渐消瘦。

4. 预防

饲喂时要定时、定量，冬季喂温食（保持在15~25℃），饮温水或凉水，饲料变化时要逐渐过渡，不喂发霉、变质的饲料。注意圈舍和饮水卫生，保持圈舍干燥，注意消毒和驱虫，注意季节变化，保持圈舍适宜温度。对仔猪补喂含粗纤维过多的饲料，每天补给适量的食盐（一般不超过饲料总量的0.5%）。

5. 治疗

治疗的基本原则是清肠止酵、消炎、调整胃肠功能。

确诊后，首先找出发病原因，如因饲料品质不良所致，需要改换优质饲料。病猪要加强护理，注意畜舍通风干燥。

对病猪首先减少饲喂量1~2天，给予优质易消化饲料。目的在于清除胃肠内未消化的饲料，并配合使用健胃的药物。病猪可给予稀粥或米汤饲喂，充分饮水。对于哺乳仔猪可施行饥饿疗法，禁乳8~10小时，饮以适量的生理盐水。在清除胃肠内容物后，可给予稀释乳50~100ml，8天喂饮5~6次。愈后逐渐转为正常饲喂。

（1）清肠止酵。常用硫酸钠（镁）或人工盐30~80g或植物油100ml，鱼石脂2~3g，加水适量一次内服。

（2）调整胃肠功能。一般在清肠后进行，如胃肠内容物腐败发酵不重，粪便不恶臭时，也可直接进行。

胃蛋白酶10g，稀盐酸5ml，水1 000ml混合，仔猪每天10~30ml灌服。

人工盐3.5kg，焦三仙1kg，混合成散剂，每次每头5~15g，便秘时加倍，仔猪酌减。

健胃散（主要成分为槟榔、山楂、仓术等）10g，酵母片6g，苦味酊10mg，混合一次内服，连服3~5天。此为育成猪用量，其他猪酌情加减。

大黄苏打片 20~30 片，1 次内服。

(3) 消炎止泻。病猪久泻不止或剧泻、剧呕时，必须消炎止泻、止吐。

口服抗生素或磺胺类药物，如庆大霉素、氨苄青霉素、复方新诺明、灭吐灵等。

肌内注射呕泻宁或庆增安注射液 2~5ml，每日 1~2 次。

痢特灵 0.2~1.0g 或黄连素 0.2~0.5g 一次内服，每日 2 次。

硅酸铝 5g，颠茄浸膏 0.1g，淀粉酶 1g，分 3 次一日内服或拌饲料中给予。

对于脱水的患猪，应及时静脉补给 5% 葡萄糖液、复方氯化钠液或生理盐水等，以维持体液平衡。

## 二、猪胃肠炎

胃肠炎是指胃肠黏膜表层及深层组织的重剧性的炎症。临床上由于胃和肠的炎症多相继发生或同时发生，故合称胃肠炎，以食少、异嗜、呕吐、腹痛、腹泻、粪便带血或混有白色黏膜等为主要特征。按其病因可分为原发性胃肠炎和继发性胃肠炎，按其炎症性质可分为黏液性（以胃肠黏膜被覆多量黏液为特征的炎症）、化脓性（以胃肠黏膜形成脓性渗出物为特征的炎症）、出血性（以胃肠黏膜弥漫性或斑点状出血为特征的炎症）、纤维素性（以胃肠黏膜坏死和形成溃疡为特征的炎症）和坏死性胃肠炎，按其病程经过可分为急性胃肠炎和慢性胃肠炎。临床上以急性继发性胃肠炎多见，属于猪的常见多发病之一。

1. 病因

(1) 原发性胃肠炎。凡能引起胃肠卡他的致病因素都可导致原发性胃肠炎，区别在于造成胃肠炎的病原的刺激作用更为强烈或作用时间更长。

原发性胃肠炎的发生与饲养管理不当有密切关系，其原因主要包括：

饲喂发霉变质、冰冻腐烂的饲料或污染的饮水。

采食蓖麻、巴豆等有毒植物。

误食含酸、碱、砷、磷、汞等有强烈刺激性或腐蚀性的化学物质。

饲料过于粗粝（如稻壳两端尖利，可刺激胃肠黏膜造成损伤，经胃肠道微生物的作用而发生胃肠炎）或饲料中含有尖利异物损伤胃肠黏膜。

畜舍阴暗潮湿、气候突变、环境卫生条件不良、车船运输、过劳、过度紧张，动物处于应激状态，容易致使胃肠炎的发生。应激等可使机体抵抗力降低，容易受到条件性病原的侵袭而发生胃肠炎。

滥用抗生素导致胃肠道菌群失调引发胃肠炎。

（2）继发性胃肠炎。常见于各种病毒性传染病（猪瘟、传染性胃肠炎等）、细菌性传染病（沙门氏菌病、巴氏杆菌病等）、寄生虫病（蛔虫等）。很多内科病也可继发胃肠炎，如急性胃扩张、肠便秘和肠变位等。

2. 症状

患病猪初期仅表现为消化不良症状，食欲减少，粪便带黏液，精神不振。随着患病猪胃肠道炎症的逐步加剧，使猪胃肠道的内容物产生异常发酵和腐败，并助长了胃肠道内有害细菌的毒害作用，当有害细菌分解的有害产物或毒素被机体吸收后，就会导致患病猪的机体发生代谢障碍与消化机能紊乱，食欲明显减退乃至废绝，并出现先短时间的便秘而后拉稀的症状，有些病例可无先便秘现象就直接出现拉稀的症状。拉出的粪便似稀糊或水样状，气味酸臭，并混有肠黏膜、未完全消化的饲料及气泡等。患病猪至后期，肛门括约肌多表现松弛甚至直肠脱出，排便失禁；

部分发生脱水症状：表现为眼球下陷，目光无神，尿量极少乃至不见排尿，皮肤弹性减退且被毛粗乱无光泽；可出现自体中毒症状：表现为可视黏膜发绀或黄染，呼吸促迫，心律不齐，脉搏快而弱，严重者可出现全身肌肉抽搐或昏迷现象，体温可降至常温以下，患病猪多在虚脱或衰竭中死亡。急性胃肠炎，病程2～3天，多数预后不良。

3. 诊断

根据食欲紊乱、舌苔颜色变化、腹泻、粪便中有黏液或脓性物等临诊症状，以及剖检所见肠道变化（肠内容物常混有血液，味腥臭，肠黏膜充血、出血、脱落、坏死，有时可见到假膜并有溃疡或烂斑）可做出诊断。

若口臭显著、绝食，主要炎症表现在胃部；若黄染腹痛，初期便秘后腹泻，主要炎症出现在小肠。腹泻出现早，脱水迅速，后里急后重，主要炎症表现在大肠。剖检特征如下。

（1）急性胃肠炎。

黏液性胃肠炎：胃肠黏膜潮红、肿胀、表面有很多浆液性或黏液性渗出物，黏膜呈点状出血或线状出血或糜烂。胃肠黏膜上皮变性脱落，杯状细胞数量增多和黏液分泌亢进（肠），黏膜固有层及下层充血，炎性细胞浸润，淋巴小结（肠）肿大，生发中心明显肿胀。

出血性胃肠炎：胃肠黏膜肿胀，呈弥漫性暗红色、斑点状出血，黏膜表面被覆多量红褐色黏液或混杂少量暗红色血凝块，亦常发生坏死。肠内容物多因混有血液而呈淡红色或红紫色。胃肠黏膜上皮变性、坏死和脱落，黏膜固有层和黏膜下层发生水肿、充血、出血等。

纤维素性胃肠炎：胃肠黏膜被覆灰黄色或黄褐色纤维素性假膜，剥离假膜后，黏膜显示肿胀、充血、出血和糜烂。肠内容物稀如水样，其中，混有纤维蛋白凝块。

化脓性胃肠炎：胃肠黏膜被覆多量脓性渗出物，肠内容物中混有脓汁。其他变化见急性胃肠卡他。黏膜固有层和肠腔内有多量嗜中性粒细胞，其他变化同急性胃肠卡他。

坏死性胃肠炎：胃溃疡大小、形状不定，由浅在黏膜糜烂到穿孔，溃疡中心柔软液化，呈污秽褐色。肠壁坏死达黏膜下层，形成黄白色或黄绿色干硬假膜，不易剥离，剥离留有溃疡。溃疡部充血、出血、炎性细胞浸润、成纤维细胞增生。

（2）慢性胃肠炎。

肥厚性胃肠炎：胃肠黏膜被覆灰白色黏液。胃、肠壁变厚，肠腔狭窄，呈食管状，有的节状肥厚，外观粗细不均。结缔组织不均匀增生，黏膜表面呈颗粒状。常可见浆膜下寄生虫结节。胃肠黏膜上皮变性、脱落，杯状细胞肿大并数量增多，黏液分泌亢进，黏膜固有层和黏膜下层结缔组织增生，腺体萎缩，肌层肥厚。

萎缩性胃肠炎：胃肠壁变薄，黏膜面平滑，缺少皱襞。胃肠黏膜上皮细胞变性，萎缩及脱落，组织收缩，腺体萎缩，肌层也萎缩，多量淋巴细胞、浆细胞或嗜中性粒细胞浸润。

**表4－1　类症鉴别**

| | 相似处 | 不同处 |
|---|---|---|
| 胃肠卡他 | 精神萎靡，呕吐、食欲缺乏，粪初干，表现便秘，随着病情发展，病程延长，炎症加剧等后稀，肠音亢进，甚至不用“听诊器”可呼到肠音，甚至直肠脱出，眼结膜充血等 | 体温不高，仍有食欲，粪时干时稀，全身症状不如胃肠炎重剧 |

（续表）

| | 相似处 | 不同处 |
| --- | --- | --- |
| 棉籽饼中毒 | 除具有中毒症状表现外，精神沉郁，体温高（有时40℃左右），低头弓腰，粪先干硬，后出现下痢带血，眼结膜充血，尿少色浓，有的呕吐等 | 呼吸迫促，流鼻液、咳嗽，尿黄稠或红黄色，肌肉震颤，有的嘴、耳根皮肤发紫，或类似丹毒疹块。胸腹下水肿。剖检可见肝充血肿大，有出血性炎症，喉有出血点，肺充血、气肿，气管充满泡沫样液体。心内、外膜有出血点，心肌松弛、肿胀。肾脂肪变性，膀胱炎严重 |
| 酒糟中毒 | 体温升高（39～41℃），腹痛、便秘、腹泻，废食，脉快而弱 | 因食入酒糟而发病，肌肉震颤，初兴奋不安甚至狂暴，步态不稳，最后四肢麻木。剖检可见咽喉、食道黏膜充血，胃内酒糟呈土褐色，并有较浓的酒味 |
| 马铃薯中毒 | 精神沉郁，食欲废绝，下痢便血、腹痛、呕吐等 | 因食入太阳暴晒、发芽、腐烂的马铃薯而发病。初期兴奋狂躁、皮肤产生核桃大、凸出于皮肤、扁平、红色、中央凹陷的疹块（轻症如湿疹），全身渐进性麻痹，瞳孔散大，呼吸微弱困难 |
| 猪阿米巴病 | 食欲缺乏，排粪时干时稀，排粪次数多，带脓血腥臭等 | 体温正常，消瘦，毛乱。取早晨排出的脓血便做涂片时，镜检可见有阿米巴包囊原虫 |

注：引自黎慧等，猪胃肠炎的类症鉴别

4. 预防

在日常的饲养管理中，减少各种应激情况对猪群的影响。加强猪舍防寒防潮湿措施，尤其是在冬季，气温交替变化的时候。制定严格合理的消毒管理程序，定期组织清扫猪舍内的污物，进行有效的药物消毒处理。保持做好舍内通风，保证舍内空气清新、干燥。喂养饲料要新鲜，保证定时定量，少喂勤添。平时发现消化不良的猪只要及时治疗，以防病情加重转化为胃肠炎。

5. 治疗

胃肠炎的治疗应以消炎为根本，注意早发现、早确诊、早治疗。注意对症治疗，一般卡他性胃肠炎，只要控制饮食，并给予中性盐类泻剂，常可以迅速痊愈；对于重度胃肠炎，主要用抗生素和磺胺类药治疗，通过药敏试验，选择有效的抗菌药物。要注意抗菌药物均以口服为宜；在呈现毒血症期间，应结合其他全身疗法，如镇痛、强心和补液。胃肠道收敛剂可用于卡他性胃肠炎，而对于细菌性和中毒性胃肠炎，则不宜过早地应用；当粪便黏液分泌物中泡沫增多时，可在收敛剂中加白垩或炭末；还可用胃肠道保护剂如次硝酸铋、次碳酸铋等。

（1）抑菌消炎。这是治疗急性胃肠炎的根本措施，目的在于抑制胃肠内致病菌增殖，消除胃肠炎症。根据病情，可选用以下药物治疗。

痢特灵或黄连素：每日 0.005 ~ 0.010g/kg 体重，分 2 ~ 3 次服用；

磺胺脒：可用于单纯性胃肠炎的治疗，日用量 0.1 ~ 0.3g/kg 体重，分 2 ~ 3 次内服，可配合使用磺胺增效剂 – 甲氧苄氨嘧啶（TMP），抗菌效果更好。

新霉素：日用量 4 000 ~ 8 000 国际单位/千克体重，分 2 ~ 4 次内服。

氟苯尼考：用于重剧胃肠炎治疗，内服，50mg/kg 体重，一日 2 次，效果良好。

（2）缓泻、止泻。当病猪排粪迟滞或胃肠内仍有大量异常内容物积滞时，可采用缓泻的办法，即可减少肠道内有毒物质吸收，又可适时控制脱水。患病初期用硫酸钠、人工盐适量混合内服，后期则用液状石蜡或植物油为好。当病猪肠内蓄粪基本排出，粪臭味不大但仍剧泄不止时，可用鞣酸蛋白、次硝酸铋各 5 ~ 6g，每天 2 次，或碳银片、鞣酸蛋白、碳酸氢钠适量加水灌服来止泻；也可用木炭末，一次 50 ~ 100g，加水配成悬浮液内服。

（3）强心、补液、解毒。这是抢救重症胃肠炎患猪的关键。用浓度为 5% 葡萄糖生理盐水 300 ~ 500mL 静脉注射，兼有补液、解毒和营养心肌的作用，生理盐水、低分子右旋糖酐和浓度为 5% 碳酸氢钠溶液按 2∶1∶1 比例进行混合输液，可同时纠正酸中毒。同时，可选用西地兰、洋地黄毒苷等速效强心药。

（4）中药治疗。白头翁根 35g、黄柏 70g，加适量的水煎服。或用槐花 6g，地榆 6g，黄芩 5g，藿小型 10g，青蒿 10g，赤芩 6g，车前 9g，加水煎服（适于体重为 25kg 的猪的出血性胃肠炎）。

平胃散：苍术 10g、厚朴 6g、枳壳 6g、茯苓 6g、陈皮 6g、胆草 10g、甘草 5g，水煎，去渣灌服。

五苓散：茯苓 10g、泽泻 10g、白术 12g、赤芍 15g、桂皮 5g、滑石 10g、建曲 15g，水煎服，或研末，开水冲服。

（5）恢复肠胃内环境。胃肠炎缓解后，幼猪用多酶片、酵母片或胃蛋白酶、乳酶各 10g。大猪用健胃散 20g，人工盐 20g，分 3 次内服，或用五倍子、龙胆、大黄各 10g，加水煎服，可增加疗效，防止复发。

## 三、中暑

中暑是日射病和热射病的总称，是炎热夏季猪群最常见的热应激性疾病。猪群由于暑热天气、烈日暴晒头部过久或湿热环境下，体热不能发散而蓄积体内，造成体内产热和散热的平衡失调，导致严重的中枢神经和心血管、呼吸系统机能紊乱。中暑可划分为日射病和热射病两种。猪群在长时间阳光直射和暴晒下，表现出体温升高，呼吸加快等病理反应称为日射病。猪群在炎热季节的潮湿环境中，新陈代谢旺盛，产热多、散热少，体内急热，引起严重的中枢神经系统功能紊乱的现象，通常称为热射病。

1. 病因

（1）日射病。在炎热季节，烈日直射头部，由于红外线的作用，使头部过热、脑及脑膜充血。另外，红外线作用于皮肤，使皮肤温度增高，反射性地引起皮肤血管扩张，使血液循环加快。加之外界温度高于畜体温度，使体热不能释放，进一步导致中枢神经障碍，引起脑充血和脑淤血，最后导致脑神经机能紊乱。

（2）热射病。在外界温度过高而空气湿度又大的环境中，如闷热潮湿的天气，因圈舍狭小过度拥挤、饲养密度过大而又通风不良，体内的热量散发不出而导致体热蓄积，加之出汗造成水分和盐类的丧失，使血液浓稠。同时，由于缺氧和代谢不全产物蓄积而发生酸中毒。另外，持续剧烈的呼吸引起肺充血和水肿，使心脏负担更为加重，最后引起呼吸中枢、血管运动中枢的麻痹，终止死亡。

2. 症状

呼吸、心跳加快，节律不齐；体温升高达 42 ~ 44℃以上，触摸皮肤烫手，全身出汗；口流白沫，步行不稳，流涎呕吐；眼结膜发红，结膜充血或发绀，瞳孔初散大后缩小。严重的倒地抽搐痉挛、流涎，四肢做游泳状划动。一般都是突然发病，有些病猪犹如电击一般，突然晕倒，甚至在数分钟内死亡。重者倒地不起，如不及时治疗可在数小时内死亡。多数病例，精神沉郁，站立不稳，陷于昏迷；也有部分病例精神兴奋，狂躁不安，难于控制，呈癫痫发作，数小时后死亡。剖检可见鼻内流出泡沫，脑及脑膜充血、水肿、广泛性出血，肺充血和水肿。

3. 诊断

根据病史，如在烈日下暴晒造成脱水，或饮水不足造成体液缺乏，结合主要临床症状，如突然发病、高热、大汗、呼吸喘促、心跳加剧、神经系统机能紊乱，兴奋或沉郁等即可确诊。

4. 预防

（1）科学建造猪舍。猪舍檐口高 2.5m 以上，并且通风良好。在猪场道路两旁、猪舍周围种植树木或藤蔓植物。

（2）饲养密度适宜。进入炎热季节，猪群的饲养密度不能过大，尤其饲养的成年肥猪，一般夏季每头猪所占的面积要大于其他季节。

（3）采取遮阴办法。夏季温度较高时，可搭遮阴网构成凉棚，使每头猪所占遮阴面积在 1.5$m^2$ 左右，并注意通风透气，确保空气对流。

（4）供给充足饮水。应提供充足的饮用水，让猪及时喝上清凉、清洁、卫生的水。另外，可在饮水中加入少许食盐，有条件的要定期给猪喂些西瓜、绿豆汤等。猪舍应勤打扫，及时消灭蚊蝇。

（5）常用冷水喷洒猪体，中午让猪在阴凉处休息。

（6）大群猪在炎热季节转群或车船运输，注意通风，做好防暑急救的准备工作，可选择早晚进行，途中定时给猪喷淋凉水。

5. 治疗

治疗原则是防暑降温、镇静安神、强心利尿、缓解中毒、防止病情恶化。

（1）发现中暑猪，应该迅速将患猪转移到阴凉通风处，用凉水浇或用冷湿毛巾敷头部，冷敷心区，也可以用凉水喷洒全身或进行冷水浴，使体温降至 38.5～39℃。降低体温是紧急处理的主要措施，体温降下了，其他症状即得以缓解，接下来再进行相应的对症治疗。

（2）轻度中暑。霍小型正气水 200ml，绿豆汤 1 000ml，碳酸氢钠片200片灌服。

5%的葡萄糖1 500~2 500ml，磺胺嘧啶钠100ml，地塞米松30ml，维生素C注射液50ml，清开灵100ml静脉注射，一日2次。若病猪兴奋不安加氯丙嗪10ml，沉郁者加安钠咖10~20ml。

清暑小型茹散：霍小型30g，滑石80g，陈皮30g，小型茹40g，青蒿30g，甘草20g，佩兰30g，苍术35g，厚朴30g，半夏25g，生地30g，竹叶20g，煎水服一日2次，连服2天。

（3）重度中暑。霍小型正气水200ml，西瓜汁2 000ml，绿豆汤1 000ml，对病情特别严重的家畜可静脉放血500ml，以缓解病情，创造抢救时机。

若猪中暑较重，呈昏迷状态，应静脉注射5%葡萄糖盐水500~1 000ml，青霉素钠盐160万国际单位，维生素C注射液10~20ml，肌内注射安乃近10~20ml。

对体温较高而不退热的猪，可肌内注射青霉素40万~80万国际单位或磺胺嘧啶5~10ml。

心衰昏迷者，肌内注射10%氨钠咖5~10ml或10%樟脑磺酸钠10ml；也可取樟脑10g，加75%乙醇至100ml，溶解后过滤制成10%樟脑醇。病猪取主穴注入2~3ml，每隔8小时1次，连用2~3次。

对病情已好转但食欲未恢复的病猪，可给予清凉健胃药，如龙胆、大黄、人工盐、薄荷水等。

## 四、维生素A缺乏症

维生素A缺乏症是体内维生素A或胡萝卜素长期摄入不足或吸收障碍所引起的一种慢性营养缺乏症，是猪维生素缺乏的常见病之一。本病常见于冬末、春初青绿缺乏之时，以夜盲、干眼病、角膜角化、生长缓慢、繁殖机能障碍及脑和脊髓受压为特征，仔猪及育肥猪易发，成猪少发。哺乳期仔猪发病则多因乳中缺乏维生素 A 而引起。

1. 病因

(1) 饲料中胡萝卜素或维生素 A 受日光暴晒、酸败、氧化等，或者储存时间过长，发霉变质，加工不当等，可导致胡萝卜素或维生素 A 损失 70% ~80% 以上。

(2) 饲料单一，长期饲喂缺乏维生素 A 及胡萝卜素的饲料如棉籽饼、亚麻籽饼、甜菜渣、糠麸及劣质干草，或配合日粮中维生素 A 的添加量不足均会引起本病的发生。

(3) 妊娠、哺乳期母猪及生长发育快速的仔猪对维生素 A 需求量增加，维生素 A 及胡萝卜素补充不及时导致维生素 A 排出和消耗增多，母乳中维生素 A 含量低下，过早断奶均可引起仔猪维生素 A 缺乏。

(4) 长期腹泻、患热性疾病、肝胆疾患或慢性胃肠病等，导致机体维生素 A 或胡萝卜素的吸收、转化、储存、利用发生障碍，亦可促使本病的发生。

(5) 猪舍阴暗潮湿、通风不良，猪只缺乏运动可促使本病的发生。

(6) 饲料中蛋白质、中性脂肪、维生素 E 不足或缺乏以及胃肠道酸度过大，影响胡萝卜素或维生素 A 的吸收利用。

2. 症状

(1) 食欲缺乏、消化不良，仔猪生长、发育迟缓，体重低下，架子猪及成年猪不良，衰弱乏力，生产能力低下。

(2) 蹄生长不良，干燥，蹄表有龟裂或凹陷。眼干燥，脱屑，皮炎，被毛蓬乱缺乏光泽，脱毛。

(3) 神经症状：表现运动失调、痉挛、惊厥、瘫痪。

(4) 性能下降。公猪表现睾丸退化缩小，精液不良。母猪发情异常、流产、死产、胎儿畸形，如无眼、独眼、小眼、腭裂

等，所产仔猪体质虚弱，不易成活。

（5）抗病力降低，极易继发鼻炎、支气管炎、胃肠炎等疾病和某些传染病。

3. 诊断

根据饲养管理状况、病史、临诊症状、维生素 A 治疗效果，可作出初步诊断。确诊需进行血液、肝脏、维生素 A 和胡萝卜素含量测定及脱落细胞计数、眼底检查。

4. 预防

预防本病最主要的是要使用全价饲料，保证饲料中维生素 A 和胡萝卜素的含量，并根据不同日龄饲喂不同配方的日粮，比如，妊娠和泌乳母猪应给予更高含量的维生素 A 和胡萝卜素。长期使用单一饲料配方时要注意添加足够的青绿饲料、胡萝卜、块根类及黄玉米，必要时还应给予鱼肝油或维生素 A 添加剂。此外，不宜将维生素 A 过早地掺入储备饲料，配好的全价饲料也不宜储存时间过长，以免维生素 A 或胡萝卜素被破坏。

5. 治疗

（1）增补胡萝卜、黄玉米等富含维生素 A 或胡萝卜素的饲料或鱼肝油。

（2）单一性的维生素 A 缺乏，首选的药物为维生素 A 制剂和鱼肝油。具体用法如下：维生素 AD 滴剂：仔猪 0.5 ~ 1.0ml，成年猪 2 ~ 4ml，口服。鱼肝油：仔猪 0.5 ~ 2ml，成年猪 10 ~ 30ml，口服。浓鱼肝油，0.4 ~ 1.0ml/kg 体重。

（3）肌内注射维生素 A，仔猪 2 万 ~ 5 万国际单位；每日 1 次，连用 5 日。

（4）松针 20g，捣汁或煎汁，放在饲料内一次喂服，每天喂 1 次，连喂数日。

## 五、硒和维生素 E 缺乏症

硒和维生素 E 缺乏症是指硒、维生素 E 缺乏，或两者同时缺乏或不足所致的营养代谢障碍综合征。硒和维生素 E 是猪生长发育中必不可少的维生素和微量元素，硒和维生素 E 的缺乏死亡率可达 80%，是一种急性、病死率较高的疾病，临床上往往未等确诊既有部分病猪死亡，养殖户损失巨大。

一年四季都可发生，多见于冬末春初。以仔猪发病为多，多为出生后 7～60 日龄的仔猪，断奶前后 5～10 天最易发病。在一窝仔猪中，生长最快、最肥胖的往往先发病，瘦弱的猪极少发病。成年猪也能发病，妊娠母猪，尤其是妊娠后期，饲料中硒与维生素 E 不足，也会引发本病，导致母猪早产、产死胎及流产。

猪的硒或维生素 E 缺乏症主要表现为肌营养不良、营养性肝病、桑葚心等几种类型。其主要特征是病猪骨骼肌、心肌、肝脏变性和坏死以及渗出性素质。

1. 病因

（1）饲料中硒和维生素 E 不足。我国大部分地区土壤都缺硒，在酸性土壤、多雨易水土流失、多施粪肥的地区含硒量很少。因此，导致作物含硒少，造成仔猪从饲料中获得的硒过少。而硒在体内具有抗氧化作用，能协助组织由血液摄入维生素 E。因此，硒缺乏，则维生素 E 也缺乏。而维生素 E 主要是维持肌肉的正常代谢，具有抗氧化作用。维生素 E 缺乏，仔猪则出现一系列病理症状继而引起死亡。

（2）饲料因暴晒、霉败、酸化、氧化使维生素 E 受到破坏，这种饲粮喂猪可引起维生素 E 缺乏。

（3）饲养管理不善，猪舍卫生条件比较差以及各种应激因素都可能诱发本病。

2. 症状

（1）仔猪。仔猪白肌病：一般多发生于 20 日龄左右的仔猪，成年猪少发病。患病仔猪一般营养良好，身体健壮而突然发病。体温一般无变化，食欲减退，精神不振，呼吸促迫，常突然死亡。病程稍长者，可见后肢强硬、拱背、行走摇晃、肌肉发抖、步幅短而呈痛苦状，有时两前肢跪地移动，后躯麻痹。部分仔猪出现转圈运动或头向侧转，最后因呼吸困难、心脏衰弱而死亡。

仔猪肝营养不良：多见于 3 周到 4 月龄的小猪。急性病猪多为发育良好、生长迅速的仔猪，常在没有先兆症状下而突然死亡。慢性病例的病程持续 3～7 天或更长，出现水肿、不食、呕吐、腹泻与便秘交替，运动障碍，抽搐，尖叫，呼吸困难，心跳加快。有的病猪呈现黄疸，个别病猪在耳、头、背部出现坏疽。病程较长者，可出现抑郁、食欲减退、呕吐、腹泻症状，有的呼吸困难，耳及胸腹部皮肤出现坏疽，常于冬末春初发病。

猪桑葚心：病猪常无先兆症状而突然死亡。有的病猪精神沉郁，黏膜发绀，躺卧，若强迫运动常立即死亡。体温无变化，心跳加快，心律失常，粪便一般正常。有的病猪，两腿间的皮肤可出现形态大小不一的紫红色斑点，甚至全身出现斑点。

（2）成年猪。其临床症状与仔猪相似，但是病情比较缓和，呈慢性经过，治愈率也较高。大多数母猪出现繁殖障碍，表现母猪屡配不上，怀孕母猪早产、流产、死胎、产弱等。

3. 诊断

根据本病主要发生于仔猪，具有典型的临床症状和剖检病理变化，体温一般不变化，再调查了解饲料中硒的添加量以及组织中饲料硒的水平测定，如每千克饲粮含硒量低于 0.1mg，可以作出确诊。

剖检病理变化。

白肌病：剖检病死猪其主要病变是以骨骼肌和心肌变化为特征，尤其是后躯臀部肌肉颜色变淡，呈灰白条纹，膈肌呈放射状条纹，肌肉切面粗糙不平，有坏死灶，心包积液，心肌色淡，以左心肌变性最明显。

肝坏死：剖检可见皮下组织和内脏黄染，肝脏肿大1~2倍，呈紫黑色，质脆易碎，似豆腐渣样；病程稍长的肝脏表面凹凸不平，肝小叶有较多的坏死灶，体积缩小，质地变硬。

猪桑葚心：剖检：病猪营养较好，体腔充满大量液体，并含纤维蛋白块，肝大呈斑驳状，切面似槟榔样红黄相间。心内膜和心外膜呈线状、条纹状出血，沿肌纤维方向扩散。肺水肿，间质增宽，呈胶冻状。

4. 预防

保持日粮中硒的含量不能低于0.1mg/kg，而维生素E的需要量，对于体重在4.5~14kg的仔猪，对于怀孕和泌乳母猪，在每千克饲料中应含22国际单位；其他猪每千克饲料中应含11国际单位。

缺硒地区的妊娠母猪，产前15~25天及仔猪生后第二天起，每30天肌内注射0.1%的亚硒酸钠1次，母猪3~5ml，仔猪1ml。另外，还要注意青饲料与精饲料的合理搭配，防止饲料发霉、变质。

5. 治疗

亚硒酸钠维生素E注射液，肌内注射，剂量1~3ml（1ml含硒1mg、维生素E 50国际单位）；0.1%亚硒酸钠，皮下或肌内注射，每次2~4ml，隔20天再注射1次、配合应用维生素E 50~100mg肌内注射，效果更好。

0.1%亚硒酸钠注射液，成年猪10~15ml；6~12月龄猪8~10ml；2~6月龄3~5ml；仔猪1~2ml，肌内注射。可于首次用

药后间隔 1 ~3 天，再给药 1 ~2 次，以后则根据病情适当给药。

应用本药品时要注意浓度一般不宜超过 0.2%，剂量不要过大，可多次用药，一定要确保安全。饲料日粮中适量地添加亚硒酸钠，可提高治疗效果。一般日粮含硒量为 0.1mg/kg 较为适宜。

## 六、钙磷缺乏症

钙和磷是猪体生命活动所必需的两种常量矿物质元素，是骨和牙齿的主要组成成分，在维持机体的酸碱平衡、调节渗透压等诸多生理功能上起着重要作用。猪体内的钙含量大约为 1.5%，磷为 1.0%，两者占猪体内矿物质总量的 75%，是猪日粮中仅次于能量和蛋白质的第 3 大营养素。

猪钙磷缺乏症是猪的一种营养代谢病，主要是由于饲料中的钙和磷缺乏或者两者比例失调而引起的。在仔猪和成年猪机体分别表现为佝偻病和软骨病。临床上以消化紊乱、异嗜癖、跛行、骨骼弯曲变形为特征。

1. 病因

(1) 饲料中 VD、钙、磷含量不足或比例失调，是诱发本病的主要原因。一般认为饲料中钙、磷比以（1.5 ~2）：1 较适宜。

(2) 仔猪断奶过早，猪体日光照射不足，出现胃肠道、肝、肾寄生虫等疾病，使钙形成不溶性钙盐或使磷形成不溶性磷酸盐的各种因素，均可影响钙、磷及 VD 的正常吸收，从而引发本病。

(3) 猪的品种不同，生长速度快、矿物质元素和维生素缺乏以及管理不当，也可促使本病发生。

2. 症状

(1) 仔猪。仔猪表现为佝偻病，有先天和后天之分。先天性佝偻病常表现为生后仔猪颜面骨肿大，硬性颚突出，四肢肿大，而不能屈曲，衰弱无力。后天性佝偻病发病缓慢，早期食欲减退，精神不振，发育不良，出现异食癖；随着病情的发展，关节部位肿胀肥厚，触诊疼痛敏感，跛行，骨骼变形；仔猪常以腕关节站立或以腕关节爬行，后肢则以跗关节着地；后期，骨骼变形加重，出现凹背、“X”形腿、颜面骨膨隆，采食咀嚼困难，肋骨与肋软骨结合处肿大，压之有痛感。

（2）成年猪。成年猪中多见于母猪，在泌乳过多或在泌乳中、后期容易发生骨软病，病轻者表现为以异食为主的消化机能紊乱，随后卧地不起，站立时腰背僵硬，走路四肢强拘，轻度跛行；病重者强迫行走时前肢跪地爬行，后躯麻痹无力，系、腕、跗关节肿大，尾椎骨移位变软，头部肿大，骨端变粗等，易发生各种自发性骨折。

3. 诊断

佝偻病发病于幼龄猪，骨软病发生于成年猪；饲料钙磷比例失调或不足、维生素 D 缺乏、胃肠道疾病以及缺少光照和户外活动等可引发本病。鉴别诊断应注意与仔猪支原体性关节炎相区别；骨软症应注意与慢性氟中毒、生产瘫痪、冠尾线虫病、外伤性截瘫相区别。必要时，结合血清学检查、X 光检查以及饲料分析以帮助确诊。

4. 预防

经常检查饲料，保证日粮中钙、磷和 VD 的含量，合理调配钙磷比例。平时多饲喂钙磷丰富的饲料，如钙磷不足，注意补给骨粉、贝壳粉、鱼肝油、碳酸钙等。注意加强护理，给以适当运动及光照时间。

5. 治疗

治疗猪钙磷缺乏症的治疗，可根据实际情况选择以下任一种治疗方案：

（1）维丁胶性钙注射液肌内注射，0.2ml/kg 体重，每天 1 次，连用 5～10 天。

（2）10%氯化钙液 30～50ml，（仔猪 5～10ml）或 10%葡萄糖酸钙 50～100ml（仔猪 10～20ml），配予葡萄糖注射液静脉注射，每天 1 次，连用 3～5 天。

（3）20%磷酸二氢钠注射液 30～50ml（仔猪 5～10ml）1 次静脉注射，并拌饲乳酸钙、鱼肝油。

（4）VA、VD 注射液肌内注射 10～20 ml（仔猪 2～3ml），每天 1 次，连用 3～5 天。

## 七、黄曲霉毒素中毒

黄曲霉毒素主要是由黄曲霉和寄生曲霉所产生的具有极强的毒性及致癌性真菌毒素，是联合国粮农组织和世界卫生组织认可的头号危险毒素。目前饲料检测到的毒素已近 400 种，其中，黄曲霉毒素是对猪危害最大的毒素之一。猪吃了含有黄曲霉毒素的饲料可引起急性或亚急性中毒，临床上以消化机能障碍、全身性出血和肝脏功能受损、神经障碍为特征。

本病中国南方地区多发，春夏梅雨高温高湿季节多发，常群发、呈慢性经过，对养殖户造成严重经济损失。中国北方地区若玉米收获期间遇持续阴雨天气，也易导致玉米在未收获的状态下霉变，因黄曲霉污染直观性差，加工成饲料后饲喂导致出现黄曲霉毒素中毒。

1. 病因

黄曲霉和寄生曲霉等广泛存在于自然界中，黄曲霉的生长繁殖最适温度为 25～30℃，最适相对湿度 80%～90%。在有氧条件下，花生和玉米是最好的繁殖材料，其次是豆类、麦类、秸秆等。

饲料若含水量大，储存或运输过程中管理不当如雨淋、潮湿、暴晒、通气不当、堆压时间过长也会为黄曲霉毒素的产生创造有利的条件。黄曲霉毒素是一类剧毒化学物质，性质稳定，不易被分解破坏。猪饲料中由于含有不同谷物及丰富的营养素，储藏不当，也会受到黄曲霉毒素的污染。猪只黄曲霉毒素中毒后，能够迅速破坏猪的肝脏、肾脏、脾脏等主要代谢解毒器官，降低其免疫力和对疾病的抵抗力，引起消化系统功能紊乱、生育能力降低、饲料利用率降低、贫血等症状。

2. 症状

猪黄曲霉毒素中毒可分急性、亚急性、慢性3种类型。

(1) 急性。发生于2—4月龄的仔猪，尤其是食欲旺盛、体质健壮的猪发病率较高。仔猪对黄曲霉毒素很敏感，一般在饲喂霉玉米之后3～5天发病。患猪精神委顿、食欲废绝，身体衰弱，走路蹒跚，黏膜苍白，体温正常，粪便干燥，直肠出血，多数在临床症状出现前突然死亡。有的站立一隅或头抵墙壁，呆立不动。

(2) 亚急性。患猪表现精神委顿，走路蹒跚，黏膜苍白，体温正常，粪便干燥、带血，不吃食，头低垂或站立不动。可视黏膜黄染，后躯无力，多数出现神经症状。严重者卧地不起，常于2～3天后死亡。

(3) 慢性。患猪体温正常，食欲缺乏，口渴喜饮，喜吃稀溺食和青绿多汁的饲料；可视黏膜苍白或黄染，皮肤充血、发红和明显皮肤黄染现象。粪便干燥，个别猪腹泻，重者混有血丝甚至血痢，尿黄或茶黄色混浊，最后呈慢性衰竭死亡。除上述症状外，还表现为离群，低头站立，拱背，卷腹，有的眼、鼻周围皮肤发红。

中毒2周后，小猪会在阴户下部、经产母猪在外阴部持续出现红肿状。

3. 诊断

根据临床症状（如消化紊乱、排脓血便、黄疸、出血、出现神经症状、妊娠母猪流产、口干喜饮等）和剖检病变（如肝脏肿大、广泛性出血，肝细胞变性、坏死，胃弥漫性出血，肠瓢膜出血、水肿，肠道中有凝血块，脾脏出血性梗死等）可作出初步诊断，之后要调查所用饲料及饲料原料是否有霉变，结合调查结果可进行确诊。

（1）剖检。急性病例的猪腹腔、胸腔、幽门周围可见广泛的出血，腹腔常积液，多处肌肉出血，胃肠黏膜可见出血斑点，肝大、呈黄褐色、质脆，表面有出血点，呈苍白或黄色，心内外膜广泛出血，肾脏也有出血斑点。慢性病例表现全身黄疸，肝硬化，黄色脂肪变性及胸腹腔积液，有时结肠浆膜呈胶样浸润，肾脏苍白、肿胀，淋巴结充血水肿。

（2）实验室检验。白细胞总数增多，淋巴细胞减少，血浆总蛋白含量降低，白球比倒置，转氨酶、碱性磷酸酶活性升高，胆红素试验双阳性。

4. 预防

（1）本病的发生有一定季节性，在春夏梅雨季节，每吨饲料中添加脱霉素 0.5kg，能有效预防本病的发生。

（2）饲料存放要通风干燥，防止雨淋受潮，发现疑似黄曲霉毒素中毒应立即更换新鲜优质饲料，并在饲料中添加 3% 的脱毒素或 0.1% 驱毒霸饲喂 1 周，防止毒素进一步进入机体，供给充足洁净饮水，并加入电解多维。

（3）严禁购买淘汰猪场剩余饲料和来源不明饲料，保证饲料质量，不饲喂泔水或未经处理的餐饮废弃物，猪舍内不用发霉垫草，保持舍内干燥、卫生。

（4）脱毒、去毒：霉变饲料原料的脱毒是一项必要的措施。在饲料中添加霉菌毒素吸附剂（脱霉素、绿泥石）是一种比较常用且简便有效的脱毒方法。少量霉变饲料，可用饲料的3倍量清水浸泡一昼夜，再换适量清水浸泡，如此反复3～4次即可，若用8%～10%的石灰水替代清水，去毒效果更好，但仍须与其他饲料搭配饲喂，严重霉变饲料建议废弃。

5. 治疗

本病无特效解毒药，发现本病应及时断尾或静脉放血，并以清热解毒、除湿利水、保肝排毒为治疗原则。

（1）一旦发现猪只发生黄曲霉毒素中毒，应立即更换饲料，改喂富含碳水化合物的青绿饲料和蛋白质含量高饲料，减少或不喂含脂肪过多的饲料，对于早期病例可供给充足的青绿饲料和维生素A、D。投服8%硫酸镁400ml，加速肠道中的毒素排出；同时，口服0.5%硫酸铜150ml，排除胃内未吸收的毒物，减少黄曲霉毒素的吸收。

（2）对于染病猪只可投服制霉菌素，按照0.04片/kg体重（首次加倍）的量进行，2次/天，坚持3～5天。待到疾病病症有所缓解，可改为1次/天，1次1片的量进行，连续服用3天。用药期间，可在饮水中添加电解多维辅助治疗。对于出现心衰症状的，可静脉注射安纳加溶液。

## 八、食盐中毒

猪食盐中毒主要是由于采食含过量食盐的饲料，尤其是在饮水不足的情况下而发生的中毒性疾病。食盐是猪生长所必需的无机盐，日粮中适量添加可有效增强猪食欲、维持机体的代谢平衡。如饲喂不当或过多，则易发生中毒，甚至死亡。本病主要的临床特征是突出的神经症状和消化紊乱。本病多发于散养的猪，规模化猪场少发。猪食盐中毒剂量为每千克体重2.2g，致死量为每千克体重3.7～4.0g。

1. 病因

饮水是否充足，对食盐中毒的发生具有绝对的影响。食盐中毒的关键在于限制饮水。

（1）过多饲喂含盐量较高的腌制食品（如咸鱼、腌肉、泡菜）或乳酪加工后的废水、酱渣以及农家残菜、剩汤、豆腐水，或是浸泡洗涤咸鱼肉、腌制腊肉的潲水等而引起发病。

（2）对长期缺盐饲养下突然加喂食盐，特别是使用食盐饮水而未加限制时引起中毒。

（3）机体水盐平衡状态的稳定性可直接影响机体对食盐的耐受性，如炎热季节环境温度较高，由于机体大量散失水分，使机体不能耐受寒冷季节所用的食盐喂量。

（4）维生素 E 和含硫氨基酸等成分缺乏，可使猪对食盐的敏感度升高。

（5）全价饲养，特别是日粮中钙、镁等矿物质充足时，对过量食盐的敏感性大大降低，反之则敏感性显著增高。

2. 症状

动物急性食盐中毒主要表现为神经症状和消化紊乱，且因动物品种不同而有一定的差异。病初，病猪呈现食欲减退或废绝，精神沉郁，黏膜潮红，便秘或下痢，口渴和皮肤瘙痒等前期症状，继之出现呕吐和明显的神经症状，病猪表现兴奋不安，频频点头，张口咬牙，口吐白沫，四肢痉挛，肌肉震颤，来回转圈或前冲后退，听觉和视觉障碍，刺激无反应，不避障碍，猛顶墙壁，体温在正常范围之内；重症病例出现癫痫样痉挛，每隔一定时间发作 1 次，发作时，依次出现鼻盘抽搐或扭曲，头颈高抬或向一侧歪斜，脊柱上弯或侧弯，呈角弓反张或侧弓反张姿势以致整个身体后退而成犬坐姿势，甚至仰翻倒地，四肢做游泳状划动，心跳加快，达 140 ~ 200 次/分钟，呼吸困难，最后四肢麻痹，卧地不起，瞳孔散大，昏迷死亡，病程一般为 1 ~ 4 小时。

体温在 36℃以下者，预后不良。

3. 诊断

根据病史，结合临床症状、病理变化、实验室检查胃肠内容物中氯的含量（健康猪胃内容物含量为 0.3%，小肠为 0.16%，盲肠为 0.10%，肝脏氯化钠为 0.17% ~0.28%）即可进行诊断。同时，在临床诊断中应注意与脑炎、猪伪狂犬病、仔猪水肿病、有机磷中毒等疾病的鉴别诊断。

4. 预防

在利用含盐较高的残渣废水时，应适当限制用量。日粮中含盐不应超过 0.5%，并混合均匀，以免过量。在平时的喂养中，要注意给予充足的水源供给，只有这样才能保证猪体内多余的钠离子、氯离子及时被排出，便于维持体内离子浓度的相对平衡。

5. 治疗

（1）确诊后，应及时停用原有饲料，改换新饲料。

（2）患病初期，逐渐补充饮水，要少量多次，避免暴饮，以免造成组织进一步水肿，病情加剧。若食盐摄入量大，可使用 1%硫酸铜溶液 50 ~100ml 灌服催吐，然后内服 50 ~100ml 的黏浆剂及油类泻剂，保护胃肠黏膜，泻下胃肠内尚未被吸收的食盐，有较好的解毒效果。

（3）缓解脑水肿，降低脑内压：5%氯化钙明胶溶液，0.2g/kg 体重分点注射；25%的山梨醇液或 50%的高渗葡萄糖 50 ~100ml 静脉注射。

（4）缓解兴奋和痉挛发作。10%硫酸镁溶液静脉注射或 3%盐酸氯丙嗪溶液 5ml 肌内注射。

（5）心脏衰弱者，皮下注射或肌内注射 20%的安钠咖注射液 2.5 ~10ml。

（6）中药治疗。

棉油 0.25kg，四消丸 42g 捣碎，混合加适量温水一次灌服，

连续服用 1～2 次。

粉葛（葛根、葛薯、生葛）250～300g、茶叶 30～50g，加水 1.5～2kg，煮沸 30 分钟左右，温汤灌服，每日 2 次，一般 2 次治愈、以上药量是大猪用量，小猪酌减。

## 第五节　小型猪产科疾病的防治

### 一、流产

母猪流产是指母猪怀孕期间，由于各种原因使胚胎或胎儿与母体之间的生理关系发生紊乱，造成妊娠中断，胚胎或胎儿排出体外。流产是母猪的常见病之一，母猪配种怀孕后 11～112 天内容易流产。流产除造成母猪产仔数减少外，母猪配种后流产还可造成母猪繁殖周期延长，甚至造成一些母猪完全丧失生育能力，进而淘汰，给养猪者带来较大的经济损失。

1. 病因

引发母猪流产的病因复杂多变，而且经常是多种因素共同作用的结果，大体上可分为传染性流产和非传染性流产两种类型。

（1）传染性流产。一般由一些病原微生物和寄生虫病如猪的伪狂犬病、细小病毒病、乙型脑炎、猪生殖与呼吸综合征、布鲁氏菌病、猪瘟、弓形虫病、钩端螺旋体病等引起猪流产。

（2）非传染性流产。药物性流产：有许多用于预防和治疗母猪疾病的药物能够引起妊娠母猪流产，有些药物在母猪妊娠期间可以使用，但如果用量过大，则可能引起母猪流产。

内服大量泻药、利尿剂、麻醉剂及其他引起子宫收缩的药物如雌激素、前列腺素 F 素，都可引起流产。

大量使用糖皮质激素类药物，如地塞米松可引起母猪流产，各种雌激素类药物容易引起母猪妊娠中止和假孕。

抗蠕虫药物，如苯丙咪唑类药物（芬苯哒唑、丙硫咪唑、噻苯咪唑等），可能引起畸形胎而使妊娠中止，特别是在受精后20～40天。

大量使用血虫净（贝尼尔）可引起母猪流产。

大环内酯类药物如使用量超过3mg/kg体重，就可能引起怀孕后期母猪流产。

阿散酸在饲料中添加量超过250mg/kg，可引起死胎或流产。

在妊娠期接种流感疫苗和其他病毒性疫苗可引起怀孕后期母猪流产。

（3）中毒性因素。多因猪场管理不善而造成的。

霉菌毒素中毒：霉菌毒素对妊娠母猪的危害性相当大。

妊娠母猪饲喂霉变饲料可导致以下问题：着床30天内胚胎完全消失，之后母猪表现假怀孕；高浓度的霉菌毒素可导致任何阶段的妊娠母猪妊娠中止、流产；低浓度的毒素不会在妊娠中造成影响，而在妊娠后期会造成子宫内胎儿生长抑制，分娩时产出“八字腿”仔猪，有的仔猪外阴肿大。

农药中毒：给妊娠母猪饲喂野青草、蔬菜，可能会因农药中毒造成母猪流产。

亚硝酸盐中毒：蔬菜、多汁饲料作物收割后，如果堆放发热，会产生大量亚硝酸盐，对猪有很强的毒性。有些地方地下水中的亚硝酸盐含量较高，也可能会造成母猪流产。

发芽土豆、黑斑红薯中毒：发芽土豆、黑斑红薯均含有很强的毒性，可导致妊娠母猪流产，也可通过乳汁影响仔猪，造成仔猪中毒。

棉酚中毒：大量饲喂含有较高棉酚的棉籽（仁）饼、粕，可导致妊娠母猪流产。

杀鼠药中毒：杀鼠药是猪场中常用到的药物，母猪吃掉死前窜入猪舍内的老鼠，或吃入拌有杀鼠药的饲料，都可能造成流产

或母猪中毒死亡现象。

其他中毒：在猪场中还可能造成中毒的因素有一氧化碳、二氧化硫、杀虫剂、消毒剂等。

（4）环境、管理因素造成的流产。

严寒刺激：怀孕母猪冬季吃冷食、喝带冰碴的水、空肚吃冰雪、吃冻萝卜、冻白菜可引起子宫剧烈收缩而发生流产。当气温骤变、寒流突袭时，母猪的流产发生率也会大大增加。

炎热：母猪妊娠的前 35 天受到高温影响，可引起胎数减少，甚至流产。最后 1 个月受到高温影响则会造成死胎数的增加。妊娠中期受到高温影响也会造成流产和死胎。

跌倒、争斗：母猪在饲喂时争斗十分常见，激烈争斗会使母猪体内的肾上腺激素分泌增强而影响正常妊娠。而争斗过程的撕咬与撞击，也有可能造成母猪流产。多见于母猪怀孕初期、未被及时隔离、分栏或因栏舍不足所致。

定位栏不合理，工作人员在猪舍劳动时间不合理，饲喂不足或捕捉或保定方法不当。

（5）营养不良因素。一般情况下，单纯的营养不良造成母猪流产的并不多，但管理、环境、疾病等应激因素与营养不平衡共同存在时，母猪流产发生率就会明显增加。

（6）误配因素。孕后发情容易被误认为是胎儿被吸收或未受精而使母猪发情，安排给母猪配种。这种强制配种或人工授精可造成母猪应激，精液中的前列腺素可导致母猪卵巢黄体退化，而使妊娠不能继续维持，最终导致流产。

2. 症状

隐性流产：常发生于怀孕早期，由于胚胎尚小，骨骼还未形成，胚胎大部分被母体吸收，而不排出体外，俗称“化胎”，大多无临床表现。有时仅偶见阴门流出多量的分泌物，或带一点血丝，过些时间再次发情。

早产：其临产预兆和产程与正常分娩相似，胎儿是活的，但未足月即提早产出，因怀孕时间短，胎儿生命力较弱，如能做好保温、协助吮乳或人工喂乳尚可存活。

有时在母猪妊娠期间，一窝胎猪中少数几头死亡，但不会影响到其他胎猪的生长发育，死胎不会立即排出体外。胎儿与胞衣的水分被子宫吸收，体积缩小而干硬，胞衣又紧裹胎儿体表，呈“纸质样”，致干硬缩小的死胎成为黑色，称“木乃伊胎”。待正常分娩时，随同成熟的仔猪一起产出。

如果胎儿大部分或全部死亡时，母猪很快会出现分娩症状，母猪兴奋不安，乳房肿大，阴门红肿，从阴门流出污褐色分泌物，母猪频频努责，排出死胎或弱仔。流产后，在无人察觉的情况下，母猪会将死胎吃掉。

流产过程中，由于子宫颈口已开张，容易致使腐败菌入侵，使胎儿发生腐败性分解。这时母猪全身症状加剧，从阴门不断流出恶露，如不及时治疗，将引起广泛的子宫炎，母猪出现体温升高，不食、沉郁、呻吟不安，频频努责等症状，不及时治疗甚至会导致败血症死亡。

3. 诊断

根据临诊症状，可以做出诊断。要判定是否为传染性流产则需进行实验室检查。

4. 预防

加强对怀孕母猪的饲养管理，避免对怀孕母猪的挤压、碰撞，饲喂营养丰富、容易消化的饲料，严禁喂冰冻、霉变及有毒饲料。做好预防接种，定期检疫和消毒。谨慎用药，以防流产。

5. 治疗

治疗的原则是尽可能制止流产。不能制止时，要及时采取措施促进死胎排出，保证母畜的健康；根据不同情况，采取不同措施。

妊娠母猪表现出流产的早期症状，胎儿仍然活着时，应尽量保住胎儿，防止流产。可肌内注射黄体酮15～25mg。保胎失败，应尽快引产，同时做好产后处理。肌内注射己烯雌酚等雌激素，配合使用垂体后叶、催产素等促进死胎排出。当流产胎儿排出受阻时，应实施助产。对于流产后子宫排出污秽分泌物时，可用0.1%高锰酸钾等消毒液冲洗子宫，然后注入抗生素，进行全身治疗。对于继发传染病而引起的流产，应防治原发病。

## 二、难产

母猪难产是指胎猪发育正常，但由于由于各种原因，分娩的第一阶段（开口期）、尤其是第二阶段（胎儿排出期）明显延长，胎儿和胎衣不能正常排出。难产如果处理不当，不仅会危及母体及胎儿的生命，而且往往能引起母猪生殖道疾病，影响以后的繁殖力。

母猪发生难产的情况比较少见，其发生的频率要比其他家畜低很多，这主要是因为母猪的骨盆入口直径比胎儿最宽的横断面长两倍，所以，很容易把仔猪产出。

1. 病因

（1）母猪。

产道性难产：多见于初产母猪。在农村，常常出现母猪还处于生长发育阶段就过早配种的情况，产仔时骨盆口还未发育成熟，产道狭窄，仔猪头若大于骨盆口，就会被卡住造成难产。

产力性难产：多见于体弱、有病、高胎次或产仔多的母猪，由于疲劳造成子宫收缩无力，无法将胎儿排出产道，引起难产。

膀胱积尿性难产：多见于体弱、有病的母猪，由于膀胱麻痹，尿液不能及时排出，膀胱积聚大量尿液，挤压产道引起的难产。

母猪过于肥胖、产道畸形、有疾病或发育不良也可以引起难产。

品种原因：目前，生产中瘦肉型品种居多，本身易发生难产。

（2）胎儿性难产。胎儿横位在产道中，造成产道堵塞引起的胎位不正性难产；当母猪营养过剩、胎儿数量过少以致个体较大而引起的胎儿过大性难产。此外还包括畸形胎儿性难产和死胎性难产。

（3）外界因素。

应激性难产：多见于初产、胆小的母猪。由于受到突然惊吓或分娩环境不安静等外界强烈的刺激，子宫不能正常收缩，起卧不安，引起难产。

营养原因：在规模化养猪生产中，由于怀孕母猪缺乏运动或饲养管理不当造成母猪过于肥胖或消瘦，不同程度地造成部分母猪难产。此外，营养的缺乏如锰、硒、碘等可引起母猪死胎、木乃伊化、流产增多。

管理方面原因：目前，养猪规模化，利于生产的管理，母猪分娩趋于同期，但也带来一些不足，如不能及时有效的照顾到每一头猪，而且母猪常年处于繁殖生产状态易疲劳，母猪运动少，分娩时产力不足也与此有关。

疾病因素：规模化养猪中，母猪的蹄病较多，运动有困难增加了难产概率。

2. 症状

不同原因造成的难产，临床表现不尽相同。有的在分娩过程中反复起卧，痛苦呻吟，母猪阴户肿大，有黏液流出，时做努责，但不见小猪产出；有时产出部分小猪后，间隔很长时间不能继续排出，有的母猪努责轻微或不再努责，长时间静卧，生不出胎儿，若时间过长，仔猪可能死亡，严重者可致母猪衰竭死亡。

3. 诊断

（1）产力性难产诊断要点。母猪妊娠超过 114 天，并有拉窝表现；后两对乳房见乳超过 5 小时以上；开始尚有阵缩和努责，但不见胎猪排出，经过一段时间后，阵缩及努责逐渐消失，部分母猪从开始就不见阵缩和努责；产道完全开张，人手能进入产道并摸到胎猪。

（2）产道性难产诊断要点。在分娩过程中，阵缩及努责正常，但不见胎猪排出；人手不能进入产道或进入软产道后不能进入骨盆。

（3）胎儿性难产诊断要点。在分娩过程中阵缩及努责正常，但不见胎猪排出，或产下几个胎猪后，不见胎衣和后续胎儿排出。

4. 预防

（1）挑选配种母猪时，应选择后躯圆润、尾根上翘、外阴发育良好的猪。不要选用臀部过于丰满的母猪，若臀部肌肉过多，会影响产仔时的产道张力。

（2）严格控制配种母猪的体重和年龄，杜绝近亲配种。母猪的配种体重应达 150kg 以上，年龄为 10 月龄以上，发情至少 2 次以上。配种太早，母猪还未发育成熟，产仔时容易因骨盆狭窄而发生难产。

（3）对于年龄较大，易生病及产道狭窄产仔困难的母猪，应及时淘汰。

（4）妊娠母猪要运动。在怀孕 45 天后和产仔前 15 天尤其要注意多做运动，运动可增强母猪体力和抵抗能力，同时，还可锻炼子宫肌肉的收缩力度，使生产难度减小。但是，要注意控制运动量，以免造成母猪流产。

（5）加强妊娠母猪的饲养管理。妊娠母猪对营养的需要很大，饲料要营养丰富，最好选用专门的妊娠期饲料。怀孕后期母猪胃肠受到胎儿挤压致使食量降低，此时应该增加饲喂次数，少食多餐以保证母猪营养供给。控制母猪体形健康标准，以减少母猪难产的发生率。

（6）做好疫病监测。因地制宜，及时接种疫苗，对猪瘟、高致病性猪蓝耳病实施高密度免疫，定期消毒、驱虫，预防各种疾病，以减少母猪难产。

5. 治疗

发生难产时，应先将该母猪从限位栏内赶出，在分娩舍过道中驱赶运动约 10 分钟，以期调整胎儿姿势。此后再将母猪赶回栏中分娩，不能奏效的再选用药物催产或施助产术。

（1）产力性难产。

治疗原则：促进子宫收缩，手术助产。

药物催产：用 5% 的葡萄糖氯化钠注射液 250ml/瓶，加缩宫素 20 单位静滴，一直持续到胎儿全部排出。应用该药部分母猪在开始的几分钟有呕吐现象，可减缓静滴速度，15 滴/分钟左右，约 15 分钟后呕吐消失，即可根据阵缩及努责程度加快滴速至 70 滴/分钟左右。根据临诊实践，母猪对该药有很好的耐受性。

手术助产：部分母猪在使用上述药物治疗时，为加快产程，在产道、胎向、胎位和胎势完全正常时，可按助产的一般方法，慢慢拉出胎儿。其方法是：常规消毒母猪外阴和人的手臂；手臂消毒后涂抹肥皂；四指并拢，大拇指屈于掌心，缓慢插入产道，抓住胎儿的头部或两后肢飞节，趁母猪努责时将胎儿拉出，并且拉出胎儿可诱发母猪的阵缩和努责，加之缩宫素的作用，子宫角前端的胎儿陆续移至子宫角基部，此时再伸手拉，反复数次，即可将胎儿全部拉出，部分母猪在拉出前部胎儿后，可顺利产下后续的仔猪。

（2）产道性难产。发现此类情况，禁用缩宫素，应及早进

行剖腹产术。

(3) 胎儿性难产：助产。对于胎儿过大，正生时产道检查可发现胎儿胎头充塞于硬产道而不能排出，此时可将助产钩放在五指中间，钩尖朝向掌心，以防伤到产道，五指并拢慢慢伸进产道，摸到胎儿后，尽量用力拉住胎儿耳朵，再用外面另一只手移动助产钩，钩住猪耳朵后 1～2cm 处，外面的手用力慢慢试拉，确定是否钩住胎儿。如果确定钩住，再用里边的手护住助产钩，以防产钩伤及产道，外面的手配合母猪努责慢慢牵拉即可顺利将胎儿拉出；倒生时，则用食指、中指和无名指夹住两个关节上部并用手握住整个关节下部，以防滑脱，拉出胎儿；对于胎位不正和死胎引起的难产，在产道检查发现后，可顺胎势强行拉出胎儿。

值得注意的是，胎儿性难产仅存在于个别胎儿，经助产疏通产道后，母猪可顺利产下发育正常的后续胎儿。

## 三、胎衣不下

猪的胎盘属于弥散型胎盘，由于这种胎盘的结构特点以及饲养管理的不当，常常会导致母猪胎衣不下的发生。胎衣又叫胎膜，母猪胎衣在胎儿产后 10～60 分钟即可排出，一般分 2 次排出。若胎儿较少时，胎衣往往分数次排出，如果产后 2～3 小时仍未能排出胎衣，或只排出一部分，称为胎衣不下，或者叫胎衣迟滞、胎衣滞留等。

本病高发的母猪有如下特点：年老体弱的母猪；过于肥胖、营养过剩的母猪；产前罹患某些疾病的母猪；产期饮水不足、给料不均、营养供应严重不足的母猪；分娩时间过久、出血过多、体力虚脱的母猪。

胎衣在子宫内停滞过久，容易产生恶性继发症，轻则罹患子宫内膜炎、膀胱炎、产后不食、便秘、乳炎等产后综合征，重者可引发脓毒败血症，常致母猪死亡。应注意个别母猪会将胎衣吞食，如果观察不仔细，会误判为胎衣不下。

1. 病因

（1）猪产后子宫肌收缩减弱。猪属于多胎动物，若初胎母猪胎儿过少，胎儿过大，会使子宫肌过度扩张，导致猪产后子宫阵缩无力。

难产时间长，子宫过度疲劳。

早产、流产时胎盘未发育成熟，子宫上皮未发生变性，就不会像正常子宫那样收缩有力。收缩力的减弱，导致胎衣不下的发生。

环境应激会抑制子宫收缩，使胎衣排出时间相对延长。

孕期的饲养管理不当，怀孕后期运动不足，而引起子宫弛缓。

胎儿过大、难产等，也可继发产后阵缩微弱而引起胎衣不下。

（2）胎盘感染炎症。母猪怀孕期间受到布氏杆菌、胎儿弧菌、沙门氏菌、李氏杆菌、真菌、毛滴虫、弓形体或病毒感染后发生子宫内膜炎及胎盘炎，胎儿胎盘与母体胎盘粘连，而发生胎衣不下。

（3）饲养管理不当。母畜怀孕期间饲料单一，缺乏矿物质钙等无机盐、微量元素硒、维生素 A、维生素 E，以及营养过度，孕猪过肥，营养不良、过分瘦弱，运动不足都会导致胎衣不下。

2. 症状

（1）胎衣完全滞留于子宫或阴道内，视诊不可见：母猪常表现排尿努责状，但并无尿液排出或仅排出少许尿液以及带凝血块状污物，体温升高至 40.5～41.5℃，有不安、嘶叫症状，母性衰退，拒绝哺乳。

（2）胎衣少数外露于阴户外，久悬不脱落：母猪表现焦躁不安，不断努责，食欲衰退或废绝，口渴喜饮凉水；产道流出暗红色、腥臭味污物，表现尿淋漓、恶露不尽症状，体温亦升高至41℃左右。此种情形超过2小时无有效处理措施，则随即继发多种常见的母猪产后综合征，最严重的表现全身症状，经3～10小时形成多功能衰竭，最后窒息死亡。

3. 诊断

凡符合上述症状表现，即可判定为本病。但生产实践中，也有母猪自食胎衣的情形存在，要排除在外，要求养殖者在整个产程中要应仔细观察，避免误诊误治。确诊的另一重要依据是检查已经排除的胎衣上，脐带断端的数目与所产胎儿数目是否一致，一致的则已排除完整的胎衣，不一致则说明有残存的胎衣滞留母猪体内，也应视作胎衣不下。

4. 预防

加强怀孕母猪的饲养管理，要根据怀孕母猪的饲养标准供给全价营养的日粮，保证钙、磷、维生素和矿物质微量元素的供应。

妊娠母猪应饲养于较宽敞的猪舍，每天给予适当运动。母猪膘情以保持不肥不瘦为宜，以便母猪在分娩时子宫和腹肌均有一定的收缩力，这样可减少本病的发生。

在怀孕母猪生产前一个月给予亚硒酸钠、维生素E制剂可大大降低胎盘滞留的发生率。实践证明，在产前20天和14天两次肌内注射维生素A、D、E，效果显著。

分娩后尽早让仔猪吃初乳，让母猪舔干仔猪身上的黏液。如果猪经常发生习惯性胎衣不下，可在助产时接收干净的羊水灌服。有条件时可给母猪注射催产素10～20国际单位。也可灌服益母红糖麸皮汤（干益母草0.5kg，常水6kg，煎沸去渣。加红糖0.5kg，麸皮0.75kg，温水10kg）或饮益母草及当归煎剂

(当归60g、党参30g、益母草120g) 磨成粉剂，开水冲调，候温后1次灌服。

5. 治疗

产后2小时不排胎衣的，应肌内注射垂体后叶素或催产素10~20单位，隔1小时后重复注射，常能促使胎衣排出。也可皮下注射麦角浸膏1~2ml。

为了提高子宫肌的兴奋性，促使胎衣排出，可静脉注射10% 氯化钙液20ml，或10%葡萄糖钙液50~150ml。

若子宫有残余胎衣片，用0.1%雷佛奴耳液100~200ml注入子宫，每天1次，连用3~5天。

如未下胎衣比较完整，用10%氯化钠溶液500ml从胎衣外注入子宫，可使胎儿胎盘缩小，与母体胎盘分离而易排出。

如果上述方法不见效，可剥离胎衣，但因母猪的产道狭窄，而子宫角过长，有时用手剥离较困难。剥离前先消毒母猪外阴，将经消毒并涂油的手（有条件时可戴长臂乳胶或塑料手套）伸入子宫内，剥离和拉出胎衣，最后投入金霉素或土霉素胶囊(每粒含量250mg) 2~4粒，或者将金霉素或土霉素1g加入50ml蒸馏水中，注入子宫内，防止感染。

6. 中医疗法

玉米衣（或玉米须）15~20g，烧灰，兑淡水酒250ml，1次灌服。

当归、川芎、红花、小型附、黑荆芥、炮姜、瞿麦各15g，桃仁、甘草各10g，酒大黄50g，芡实叶25g为引，煎水，内服。

益母草流浸膏4~8mg，每日2次。

当归25g、川芎15g，桃仁10g，炮姜10g，甘草10g，党参15g，黄芪15g。以上中药研末灌服，黄酒150ml为引。

## 四、产后瘫痪

母猪产后瘫痪是母猪分娩后，突发或渐进性发生的一种以四肢运动机能丧失、低血钙为主要特征的营养代谢病，又称产后风或风瘫。母猪产后瘫痪主要发生在产后和哺乳期，产前发生较少见，慢性型在产后 2～6 天出现临床症状，急性型在生产过程中就可发病，该病是农村或集约化养猪场中常见的一种疾病，不同季节、品种、年龄、胎次及膘情的猪均可发生，冬春季节易发生，白色母猪发病多于黑色母猪，当地土种猪不易发病，引进的高产外来品种，由于生产性能的提高比本地猪种的发病率高；体质较差、营养不良及初产母猪也较易发生。本病危害性非常严重，常导致母猪失去繁殖性能和仔猪成活率的降低，给养殖户造成经济损失。

1. 病因

（1）环境因素。此病虽一年四季都可以发生，但在春、冬季节发病较多。饲养环境阴暗、潮湿，母猪易发生风湿性关节炎等疾病；母猪分娩后气血不足，抵抗能力减弱，若贼风入侵，光照不足、运动量少，使机体自身合成维生素 D 受阻，影响钙的吸收，都有可能成为产后瘫痪的诱因。

（2）营养因素。日粮中钙磷不足时，母猪产仔前后就会动用骨骼中的钙和磷，时间一长，会导致母猪体内钙磷缺乏，特别是高产母猪更易发生该病。产仔 20 小时后，母猪泌乳量达到高峰时，病情大多趋于严重。

饲料中钙磷比例失调。精料过多，粗饲料在日粮中的比例较低或猪的生产力较高，使母猪日粮中的钙磷比例失调，导致瘫痪。

饲料中谷类、豆类比例过大。谷类、豆类中所含磷大多以植酸磷的形式存在，这种磷不仅不易被猪吸收，反而会妨碍钙的吸收，使猪体组织中钙磷严重不足，导致瘫痪。

日粮中缺乏维生素 A，造成神经系统病变，骨骼肌麻痹而呈现运动失调，最初见于后肢，然后见于前肢。

哺乳母猪消耗大量能量和营养物质，如未能得到及时补充，或由于饲料单一，缺乏矿物质、维生素，可引起母猪发生软骨症。

（3）母猪因素。胃肠疾病，使机体的消化吸收功能发生障碍，对钙的吸收困难而发病。

后备母猪配种过早，头胎母猪自身四肢骨骼处在生长发育阶段，未达到体成熟，骨中钙储存不足，且产后从乳中排出的钙质超过了日粮供给的从肠道吸收及从骨骼动用出来钙数量的总和，血钙呈负平衡而导致本病的发生。

经产母猪，尤其是年老母猪，不仅因为怀孕能引起钙的缺乏，而且还有多次妊娠、分娩、哺乳缺钙的积累。如果产仔比较多（一般哺乳 10 头以上仔猪的母猪），泌乳力强，骨盐降解速度较快，则更易引起本病。

怀孕母猪随着胎儿的生长，胎水的增多压迫腹腔器官，降低胃肠的消化和吸收功能，而影响小肠对钙的吸收。在产前就易于发生腰椎和后肢骨质变薄，出现截瘫和骨折。一旦分娩，更易引起知觉丧失和四肢瘫痪。

母猪产仔数量多，分娩后机体的动态平衡失调，或胎儿过大，在分娩过程中，伤及支配后肢肌肉的神经而发病。

（4）泌乳因素。母猪分娩后随着泌乳的开始，大量的血钙进入到初乳中，尽管初乳量少，但其中的钙、磷含量却很高，使体内钙、磷处于负平衡状态，这样使钙从乳中大量排出，血钙含量急剧下降，当母猪丧失的钙超过它能从肠道吸收和骨骼中动用的数量总和时就会发病。

2. 症状

（1）钙缺乏型瘫痪。母猪从轻度不安、乏力、频换后肢，最后由跛行渐进到瘫痪，四肢关节无肿胀，但绝大部分猪四肢关节有变形发生。病初粪便少而干硬呈粟状，颜色为黑褐色，以后则停止排粪排尿，食欲减退并有吃土、舔墙等异食癖出现。特别是产仔20天后，泌乳达到高峰期，病情更趋于严重。

（2）物理损伤骨盆腔神经。胎儿大、数量多，又使用了人工助产，在分娩过程中或是产仔后2小时内出现急性病症，强行驱赶后肢不能站立，四肢关节无变形、肿胀，接触后肢无反射或较弱。

（3）寒湿型瘫痪。分娩后3～10天发病，四肢发凉，步态不稳，后躯摇摆，关节无肿胀、变形或伴有关节炎，大小便无明显变化，多为环境原因引起的。

（4）血钙降低性瘫痪。产后2～5天发生瘫痪，多为分娩后血糖、血钙骤然减少和血压降低等原因使大脑抑制作用增强所致。

3. 诊断

（1）临床诊断。根据母猪刚分娩不久，出现相应临床症状，甚至全身瘫痪姿势，可作出初步诊断。

（2）实验室检测。抽取病母猪的血液，检测其血钙浓度。

（3）鉴别诊断。母猪产后瘫痪易与肌肉性风湿与关节性风湿性疾病相混淆。肌肉性风湿与关节性风湿性疾病的特点是肌肉、筋腱、腱鞘或关节异常疼痛，触诊患部肌肉、关节及腱鞘局部发热或肿胀疼痛，慢性者关节变粗、活动受阻。而母猪产后瘫痪没有上述症状，只是以运动障碍为主要特征。

4. 预防

合理搭配饲料，力求日粮营养均衡。平时要在母猪日粮中补饲贝壳粉、蛋壳粉和碳酸钙，在母猪妊娠后期和泌乳期应补饲骨粉、鱼粉和杂骨汤，冬春雨季要补喂优质干草粉、豆科牧草（苜蓿草）和青绿饲料。根据母猪饲养标准，要充分利用本地的自然资源，尽量多喂青绿饲料（不可一次喂过多，以防母猪拉稀）或优质干草粉，并补喂矿物质饲料和添加剂等。

猪舍要保持清洁干燥，母猪产仔后，猪舍要多加垫草。防止冷风吹袭，保持猪舍温暖、宽敞、有充足的阳光照射。母猪在妊娠期应多晒太阳，每天要让母猪在阳光下运动2~3小时。

本病多发生于产仔多、泌乳性能好的经产母猪，所以，要提早给仔猪补料及提早断奶。

饲喂易消化，富含蛋白质、矿物质和维生素的饲料，钙磷比例要适当；对有产后瘫痪史的母猪，在产前20天静脉注射10%葡萄糖酸钙100ml，每周1次，以预防本病的发生，怀孕母猪也可每天添喂骨粉20g，食盐20g来预防本病。

5. 治疗

以药物治疗、加强护理和改善营养相结合为治疗原则。

（1）症状较轻者。主要症状是后肢出现跛行、喜卧。

食欲好的每天可在饲料中适当添加优质骨粉或钙片，保证饲料中蛋白质、能量、矿物质和维生素的供给，特别是维生素D、钙和磷的供应；猪舍要有充足的阳光，清新的空气，以利于钙的吸收；多喂青绿饲料，如菜叶、红薯藤、牧草类等。

产后2~5天发生瘫痪，一般认为主要是分娩后血糖、血钙骤然减少和血压降低等原因而使大脑皮质发生延滞性阻滞所致，治疗以补充血糖、血钙、升高血压为主。可用10%氯化钙50ml+10%葡萄糖500ml静脉滴注。每天1~2次，连用3~5天。

哺乳后20天左右发生瘫痪，则以补充钙，促进钙吸收为主，并采取一些辅助治疗方法，同时要对仔猪及时断乳，以利于治疗。

维丁胶性钙注射液5ml、安痛定10ml，维生素B 150mg×2

支，混合一次肌内注射，隔日1次，连用2次或3次。

每天喂鱼肝油20ml，连用10天。

用新鲜狗骨头捣碎煮汤饲喂，连喂数日。

加强护理，多喂青绿饲料。

(2) 对于症状较严重者。瘫痪不起，食欲不佳，精神不振病猪。

10%葡萄糖溶液300ml，5%氯化钙注射液100ml混合为1组，0.9%生理盐水450ml、青霉素80万国际单位×8支、地塞米松注射液10ml、维生素C 20ml混合为1组，以上两组药物分别一次耳静脉注射，效果很好。

可同时投予缓泻剂硫酸钠或硫酸镁40g清除直肠内粪便后，用温糖盐水灌肠（食用白糖100g，粒盐8.5g，水1 000ml），每天2次，连用3～5天。

每天用米酒或热水擦洗四肢及腰部，翻身2～3次，产后瘫痪病猪即可治愈。

对于瘫痪后发生褥疮的病母猪，要及时对患处进行消毒清创，用青、链霉素等抗菌消炎药物进行静脉输液配合治疗。

## 第六节 小型猪其他疾病的防治

### 一、猪疥螨病

猪疥螨寄生于猪皮肤表皮层内所引起的慢性寄生性皮肤病，以患部剧痒、结痂、脱毛、皮肤增厚、具有高度传染性为典型特征。

1. 病原

疥螨呈龟形，浅黄色，背面隆起，腹面扁平。雌虫(0.33～0.45) mm×（0.25～0.35）mm，雄虫（0.2～0.23）mm×

(0.14～0.19) mm。腹面有四对粗短的肢，每对足上均有角质化的支条。疥螨发育为不完全变态，全部发育过程括卵、幼虫、若虫、成虫四个阶段，都在动物体上完成。疥螨靠咀嚼式口器在宿主表皮挖凿隧道，以角质层组织和渗出的淋巴液为食，在隧道内进行发育和繁殖。雌螨在隧道内产卵，一生可产40～50个卵。卵呈椭圆形、黄白色、长约150μm，卵经3～8天孵出幼螨。幼螨三对肢，离开隧道爬到皮肤表面钻入皮内造成小穴，在其中蜕变为若螨。若螨形态似成螨，有四对肢，但体型较小，生殖器尚未显现，逐渐蜕化为成螨。雄螨在宿主表皮上与雌螨进行交配，交配后的雄螨不久即死亡，受精后的雌螨在宿主表皮挖掘虫道产卵，产完卵后死亡，寿命4～5周，疥螨整个发育过程为8～22天，平均15天。

2. 流行特点

猪疥螨病流行广泛，感染率较高。在寒冷的冬季和秋末春初，家畜毛长而密，若是厩舍潮湿，畜体卫生状况不良，皮肤表面湿度较高的条件下，更适合螨的发育繁殖。夏季动物体表绒毛大量脱落、皮肤表面常受阳光照射、常保持干燥状态，不利于螨的生存和繁殖，发病较少，有少数螨可在耳壳、尾根、腹股沟部以及被毛深处等部位隐藏，仍然是危险的传染源。另外，螨病具有传染性，患病个体与健康个体直接接触或间接接触都有可能传染，兽医和养殖人员的衣物等都可使螨病传播。

3. 临床特征与表现

猪疥螨病通常于头部、眼下窝、面颊及耳部发生，之后逐渐蔓延到背部、躯干两侧及后肢内侧，仔猪感染更为严重，患处发痒，剧痒是螨病整个病程中典型的临床症状，患畜常在饲槽、栏杆等处摩擦，皮肤干燥、粗糙，造成皮肤脱毛、结痂、增厚等外观，严重者形成龟裂并有液体流出。病猪日渐消瘦，生长缓慢。

4. 诊断

根据临床症状可作初步诊断，刮取患部皮肤上的痂皮，检查有无虫体，才能确诊。将刮取的痂皮放入培养皿中用灯光照射用放大镜看是否有虫体运动。或将痂皮置于试管中，加入10%氢氧化钠或氢氧化钾适量，浸泡2小时或置于酒精灯上加热煮沸2～3分钟，使痂皮完全溶解，离心沉淀，弃去上清液，吸取沉淀物镜检。

5. 治疗

对已经确诊的螨病，应及时隔离治疗。可用可用蝇毒磷、螨净、双甲脒、溴氰菊酯、20%碘硝酚注射液、1%伊维菌素注射液等。具体使用方法是：0.025%～0.05%浓度的蝇毒磷药液喷洒；0.025%浓度的螨净喷洒；0.05%浓度的双甲脒喷洒；0.05%浓度的溴氰菊酯药液喷洒。20%碘硝酚注射液，以每千克体重10mg剂量皮下注射；1%的伊维菌素注射液均以每千克体重0.2mg剂量皮下注射。通常需反复用药才能治愈。

因螨病有高度的接触传染性，任何遗漏一都有可能造成继续蔓延。因此在应用药液喷洒治疗之前，应详细检查，以免遗漏。为使药物能和虫体充分接触，应将患部及其周围3～4cm处的被毛剪去，用温肥皂水彻底刷洗，除掉硬痂和污物，擦干后用药。剪掉被毛等污物应烧掉或用消毒水浸泡。

6. 预防

（1）畜舍要保持清洁、干燥、宽敞、透光、通风良好，猪舍及饲养管理用具应定期消毒。

（2）注意畜群中有无发痒、掉毛现象，及时挑出可疑患畜，隔离治疗。

（3）治愈个体和新引进的个体应隔离观察，没有患病现象再合群。

（4）可用上述治疗药物定期进行药物预防。

## 二、猪虱病

猪虱病是由猪血虱寄生于耳基部周围、颈部、腹下、四肢的内侧等体表部位引起的外寄生虫病。

1. 病原

血虱属昆虫纲，虱目，是以吸食哺乳动物的血液为生，故通称为兽虱。体背腹扁平，头部较胸部为窄，呈圆锥形。触角短，通常由 5 节组成。口器刺吸式，不吸血时缩入咽下的刺器囊内。胸部 3 节，有不同程度的愈合；足 3 对，粗短有力，肢末端以跗节的爪与胫节的指状突相对，形成握毛的有力工具。腹部由 9 节组成。

兽虱为不完全变态。其发育过程包括卵、若虫和成虫。成虫雌雄交配后雄虱即死亡，雌虱于 2～3 天后开始产卵，每虱一昼夜产卵 1～4 枚：卵黄白色，（0.8～1）×0.3mm，长椭圆形，黏附于家畜被毛上。卵经 9～20 天孵化出若虫，若虫分 3 龄，每隔 4～6 天蜕化一次，3 次蜕化后变为成虫。雌虱产卵期 2～3 周，共产卵 50～80 枚，卵产完后即死亡。

2. 流行特点

猪虱病主要流行于卫生条件较差的猪场和散养猪，其传播方式，主要是动物间直接接触，或通过混用的管理用具和褥草等间接传染。

3. 临床特征与表现

猪血虱常寄生于猪的耳基部周围、颈部、腹下、四肢的内侧，吸血时分泌含有毒素的唾液，使被吸血部发生痒感，动物蹭痒，不安，影响采食和休息。患猪因啃咬患部和蹭痒，被毛粗乱、脱落、甚至造成皮肤损伤、患畜消瘦，发育不良，生产性能降低。

4. 诊断

猪血虱肉眼可见，在猪体表发现虱或虱卵即可确诊。

5. 治疗

可参照猪疥螨病药物治疗方法。可用杀昆虫药喷洒体表。常用药物有菊酯类（溴氰菊酯、氰戊菊酯），有机磷（敌百虫、敌敌畏、倍硫磷、蝇毒磷），此外，伊维菌素皮下注射，也有很好的效果。

6. 预防

在药物除虱的同时应加强饲养管理，保持畜舍清洁，通风，垫草要勤换，对管理用具要定期消毒。

## 三、猪蛔虫病

猪蛔虫病是由猪蛔虫寄生于猪小肠内所引起的一种消化道寄生虫。

1. 病原

猪蛔虫是一种大型线虫，新鲜虫体为淡红色或淡黄色。虫体呈中间稍粗，两端较细的圆柱形。头端有3个唇片，其中，一片背唇较大，两片腹唇较小，排列呈品字形。雄虫比雌虫小，体长15～25cm，宽约0.3cm。尾端向腹面弯曲，形似鱼钩。雌虫长20～40cm，宽约0.5cm。虫体较直，尾端稍钝。

猪蛔虫的发育不需要中间宿主。雌虫产卵，卵随粪便排出体外，在适宜的温度、湿度和充足氧气条件下，卵内发育为第1期幼虫，约经13～18天，第1期幼虫蜕化为第2期幼虫，此时的虫卵尚无感染力，须在外界经过3～5周的发育成熟，成为感染性虫卵才具有感染性。

猪吞食感染性虫卵后，幼虫在小肠内释出。在虫体释出的2小时内，大多数幼虫钻入肠壁，进入血管，随血流进入肝脏；感染后4～5天，在肝脏内进行第2次蜕化，形成第3期幼虫。第3期幼虫随血流经肝静脉、后腔静脉进入右心房、右心室和肺动脉，再经毛细血管进入肺泡；感染后12～14天，在肺泡内进行第3次蜕化变成第4期幼虫，虫体继续发育成为肉眼可见的幼虫。这时虫体离开肺泡，经细支气管和支气管上行至气管，随黏液到咽部，再经食道、胃重返小肠。虫体在小肠进行最后一次蜕化，变为第5期幼虫，继续发育为成虫。猪从吞食感染性虫卵到在小肠内发育为成虫约需2—2.5月。虫体在小肠内以黏膜表层物质和肠内容物为食，在猪体内可生存6个月，然后自行随粪便排出。

2. 流行特点

猪蛔虫病呈全球性分布，感染普遍，危害严重。该病主要侵害2~6个月龄的仔猪，可导致其发育不良、生长受阻，严重者发育停滞，形成“僵猪”，甚至造成死亡。是严重影响养猪业发展的一种主要寄生虫病。在温暖、潮湿、卫生条件不良的地方易感染发病。经口摄食感染性虫卵是主要的感染途径，本病感染主要是由于猪采食了被感染性虫卵污染的饲草料和饮水。另外，猪蛔虫不仅生殖能力极强而且虫卵对外界环境的抵抗力也较强。雌虫产卵数多，卵对各种外界环境因素的抵抗力强，每条雌虫每天平均可产卵10万~20万个，产卵旺盛期可产卵100万~200万个，虫卵不仅卵壳厚，而且卵壳外有蛋白质膜，内有蛔甙膜，虫卵对各种理化物质和不良的外界环境条件具有很强的抵抗力。虫卵对消毒药品具有较强的抵抗力，15%硫酸和硝酸均不能杀死虫卵，即使在2%的福尔马林溶液中，虫卵仍能正常发育。卵壳的中间层有隔水作用，能保持内部不受干燥影响。因此，虫卵在外界环境中能长期存活并不断积累，大大增加了猪受到感染的机会。此外，猪蛔虫卵还具有一定的黏性，可借助食粪甲虫、鞋靴等传播。

3. 临床特征与表现

猪蛔虫幼虫和成虫对宿主危害都很大。幼虫在体内移行可造成器官和组织的损伤，主要是对肝脏和肺脏的危害较大。当幼虫

移行至肝脏时，引起肝组织出血、变性和坏死，肝脏表面形成云雾状的蛔虫斑，也称“乳斑”，直径约 1cm。当幼虫移行至肺时，造成肺脏的小点出血和水肿，严重时可继发细菌或病毒感染，引起肺炎。临床表现为精神沉郁，食欲减退，异嗜，营养不良，贫血，黄疸；感染严重时表现体温升高、咳嗽、呼吸增快、呕吐和腹泻等症状。病猪伏卧在地，不愿走动。幼虫移行时还引起嗜酸性白细胞增多，出现荨麻疹和某些神经症状之类的反应。

成虫寄生在小肠对机体的危害亦较大。首先是夺取宿主大量的营养，影响猪的发育和饲料转化。大量寄生时，猪被毛粗乱、无光泽，消瘦，常是形成“僵猪”的一个重要原因。成虫还可机械性地刺激肠黏膜，引起腹痛。蛔虫数量多时常聚集成团，堵塞肠道，严重时因肠破裂而致死。蛔虫具有异位游走特性，在饥饿、驱虫等应激条件下，蛔虫可进入胆管，造成胆道蛔虫症，导致黄疸、贫血、呕吐、消化障碍、剧烈腹痛等症状，严重者可导致死亡。

4. 诊断

对 2 个月以上的猪，生前可用漂浮法检查粪便中的虫卵，由于猪蛔虫感染相当普遍，1g 粪便中虫卵数达 1 000个以上时，方可诊断为蛔虫病。死后剖检时，在小肠内发现大量虫体和相应的病变即可确诊。但蛔虫是否为直接的致死原因，需根据虫体数量、病变程度、生前症状和流行病学资料以及有否其他原发或继发的疾病进行综合判断。

2 月龄以内的仔猪因其体内尚无发育到性成熟的蛔虫，故不能用粪便检查法做出生前诊断。幼虫寄生期可用血清学方法，如酶联免疫吸附试验（ELISA）。剖检观察肝脏和肺脏的病变有助于诊断；采用贝尔曼氏幼虫检查法分离与鉴定幼虫。

5. 治疗

治疗可选用下列药物：

左旋咪唑（Levamisole）按每千克体重 8 ~ 10mg，一次混料喂服或肌内注射。

丙硫咪唑（Albendazole）按每千克体重 10 ~ 20mg，一次混料喂服。

甲苯咪唑（Mebendazole）按每千克体重 10 ~ 20mg，一次混料喂服。

氟苯哒唑（Flubendazole）按每千克体重 5mg，口服或混料喂服。

芬苯哒唑（Fenbendazole）按每千克体重 10mg，口服。

氯氰碘柳胺（Closantel）按每千克体重 5mg，口服；针剂皮下注射时，剂量按每千克体重 2.5mg。

伊维菌素（Ivermectin）按每千克体重 0.3mg，一次皮下注射。

阿维菌素（Avermectin）按每千克体重 0.3mg，一次皮下注射。

多拉菌素（Doramectin）按每千克体重 0.3mg，一次肌内注射。

6. 预防

（1）按计划定期驱虫。断奶仔猪，选用抗蠕虫药进行一次驱虫，并且在 4 ~6 周后重复 1 次；母猪怀孕前和产仔前 1 ~2 周进行驱虫；后备猪在配种前驱虫 1 次；公猪每年至少驱虫两次；新引进的猪需药物驱虫后再合群。

（2）保持猪舍和运动场清洁。猪舍和运动场应通风良好，阳光充足，避免阴暗、潮湿和拥挤、定期消毒。产房和猪舍在进猪前都需进行彻底清洗和消毒，可用 60℃以上的 3% ~5% 热碱水，20% ~30% 热草木灰水和新鲜石灰等杀死虫卵。为减少猪蛔虫卵对环境的污染，尽量将猪的粪便和垫草堆积发酵，利用发酵产生的生物热杀灭虫卵。

(3) 加强饲养管理。做好防疫工作，增强猪自身抵抗力。做好猪场各项饲养管理，供给猪充足的维生素、矿物质和饮水。饲料、饮水要新鲜清洁，避免猪粪污染。仔猪断奶后要与母猪分开饲养，以防仔猪感染。

## 四、猪弓形虫病

猪弓形虫病是由刚第弓形虫寄生于猪的多种有核细胞中引起的寄生虫病。

1. 病原

弓形虫在全部生活史中可出现5种不同病原体形态，滋养体、包囊、裂殖体、配子体、卵囊。滋养体又称速殖子；包囊又称组织囊，囊内有数个至数千个缓殖子，形态与速殖相似，包囊多见于脑、眼、骨骼肌、心肌和其他组织内，是虫体在宿主体内的休眠阶段，见于慢性病例；裂殖体在终末宿主猫的肠绒毛上皮细胞内，早期可见其含有多个细胞核，成熟时则含小型蕉形的裂殖子；配子体在猫肠细胞内进行的有性繁殖期虫体，有雄配子体和雌配子体；卵囊出现于猫肠道中，随粪便排到外界。

弓形虫生活史需要两个宿主：终末宿主为猫科动物，中间宿主包括人和各种哺乳动物，也包括禽类。在终末宿主体内形成以上5种不同病原体形态，在肠内进行无性生殖繁殖和有性生殖两个阶段，在其他组织中进行无性生殖，即肠外发育期；在中间宿主体内只进行无性生殖。有性生殖仅在终末宿主肠道造成局部感染，无性生殖常可造成全身感染。

2. 流行特点

本病分布于世界各地，动物的感染很普遍，但多数为隐性感染，是严重的人兽共患寄生虫病。一般说来，弓形虫病流行没有严格的季节性，但秋冬季和早春发病率最高，可能与动物机体抵抗力因寒冷、运输、妊娠而降低及此季节时外界条件适合卵囊生存有关。

传染源主要为病畜和带虫动物，弓形虫生活史中的多个时期均具传染性，中间宿主种类繁多，寄生部位没有严格的选择性，已证明病畜的唾液、痰、粪、尿、乳汁、腹腔液、眼分泌物、肉、内脏、淋巴结以及急性病例的血液中部可能含有速殖子。不管有无终末宿主存在，均能完成生活史，虫体在宿主体内保存时间长，滋养体、包囊和卵囊对不良环境的抵抗力较强。

感染途径广泛。经口感染是本病最主要的感染途径。人、各种动物吞入猫粪中的卵囊或带虫动物的肉、脏器以及乳、蛋中的速殖子、包囊都能引起感染。母体血液中的速殖子经胎盘可感染胎儿。如果母猪被感染，仔猪很可能发生生前感染。弓形虫还可经皮肤、黏膜感染，病原体也可通过眼、鼻、呼吸道等侵入猪体内。昆虫如昆虫如蝇类、蟑螂等也可机械性传播。

3. 临床特征与表现

与猪瘟相类似，体温升高到 40. 5 ~ 42℃，呈稽留热型。病猪精神沉郁，食欲废绝或减退，呼吸困难，呈明显的腹式呼吸，呈犬坐式姿势，流浆液性鼻液。皮肤发绀，在嘴部、耳部、下腹部及下肢皮肤出现红紫色的斑块或间有小出血点。有的病猪耳壳上形成痂皮，甚至耳尖发生干性坏死。结膜充血，有眼屎。粪干，以后拉稀。仔猪感染后，临床上常见腹泻，尿少，呈黄褐色。有的病猪出现癫痫样痉挛等神经症状。怀孕母猪流产或新生仔猪出现先天性弓形虫病而死亡。

急性病例出现全身性病变，淋巴结、肝、肺和心脏等器官肿大，并有许多出血点和坏死灶。肠道重度充血，肠黏膜上常可见到扁豆大小的坏死灶。肠腔和腹腔内有多量渗出液。病理组织学变化为网状内皮细胞和血管结缔组织细胞坏死，有时有肿胀细胞的浸润，弓形虫的滋养体位于细胞内或细胞外。急性病变主要见于幼畜。慢性病例可见有各内脏器官的水肿，并有散在的坏死

灶。病理组织学变化为明显的网状内皮细胞增生，淋巴结、肾、肝和中枢神经系统等处更为显著，但不易见到虫体。慢性病变常见于老龄家畜。隐性感染的病理变化主要是在中枢神经系统内见有包囊，有时可见有神经胶质增生性和肉芽肿性脑炎。

4. 诊断

弓形虫病临床症状、剖检变化与很多疾病相似，在临床上容易误诊。为了确诊需采用病原学检查和血清学诊断。

病原学检查：①脏器涂片检查。②集虫法检查。③动物接种试验。

血清学诊断：①染色试验。②间接血凝试验。③间接荧光抗体试验。④酶联免疫吸附试验（ELISA）。⑤放射免疫试验（RIA）⑥补体结合实验（CFT）等。

5. 治疗

对于急性病例的治疗使用磺胺类药物具有一定的疗效。可选用磺胺嘧啶（SD），每千克体重口服 70mg，磺胺六甲氧嘧啶（SMM），每千克体重 70～100mg。另磺胺甲氧吡嗪、三甲氧苄胺嘧啶（TMP）和二甲氧苄胺嘧啶（DVD）对弓形虫的滋养体同样有效。但针对包囊的理想药物尚缺乏。在发病初期应及时用药，如用药较晚，虽可使临床症状消失，但不能抑制虫体进入组织形成包囊，使病畜成为带虫者，重复发病率较高。

6. 预防

加强畜舍卫生管理，保持清洁，对猪舍、养殖器具定期消毒。加强对猫的管理、加强防鼠灭鼠、灭蝇、灭蟑螂工作，阻断猫及鼠类便污染饲料及饮水。患病个体、流产仔猪等排泄物及场地均需进行严格消毒处理，防止再次污染。

## 五、猪后圆线虫病

猪后圆线虫病也称为猪肺线虫病，是由猪后圆线虫寄生于猪的支气管和细支气管引起的一种呼吸系统寄生虫病。本病主要为害幼猪，引起肺炎，严重影响猪的生长发育。

1. 病原

猪后圆线虫呈丝状，乳白色或灰白色，口囊小，口缘有一对三叶唇。雄虫交合伞背叶小。交合刺一对，细长，末端具单钩或双钩。雌虫阴门位体后端紧靠肛门，阴门前有一角皮膨大部。卵胎生。

猪后圆线虫需以蚯蚓作为中间宿主。雌虫在气管和支气管中产卵，虫卵随黏液到达口，经消化道随粪便排到外界。此时卵内已含有幼虫，虫卵在潮湿环境中，可存活 3 个月。如在适宜条件下，卵内幼虫逸出，即第 1 期幼虫。蚯蚓吞食了第 1 期幼虫或含有第 1 期幼虫的虫卵，在其体内发育至感染性幼虫，随蚯蚓粪便排至土壤中。猪吞食了蚯蚓或土壤中的感染性幼虫而感染，感染性幼虫在小肠内被释放出来，钻入肠淋巴结中，随血流进入肺脏，再到支气管和气管发育为成虫。从幼虫感染到成虫排卵约为 23 天。感染后 5 ~ 9 周产卵最多。成虫在猪体内可存活一年之久。

2. 流行特点

本病流行广泛，感染率高、强度大。蚯蚓的活动具有季节性，因而本病流行也有季节性。猪一般在夏季最易感染，冬春次之，多发生 6 ~ 12 个月龄的猪。但南方温暖地区，一年四季均可发生。流行因素如下：虫卵存活时间长，在较干的猪舍内仍可存活 6 ~ 8 个月，可越冬。病原体对蚯蚓的感染率高，在其体内发育快，感染性幼虫在蚯蚓体内保持感染性的时间也长。

疏松潮湿富含腐殖质的土壤有利于蚯蚓生活，一条蚯蚓体内可达 4 000 条幼虫，故猪只要吞食少量蚯蚓，就可引起严重感染。

3. 临床特征与表现

轻度感染时症状不明显，但影响猪的生长发育。严重感染

时，呈现阵发生咳嗽，尤其在早晚时间、运动或采食后更加剧烈。病猪被毛干燥无光，逐渐消瘦贫血，食欲减少，直到消失，生长发育缓慢甚至停滞。鼻孔内有脓性黏稠液体流出，呼吸困难，肺部听诊有啰音。有的病例还可发生呕吐、腹泻。病程长者常形成僵猪。

剖检后主要病变见于肺脏，表面可见灰白色、有隆起呈肌肉样硬变的病灶，将肺切开，从支气管内流出黏稠分泌物和白色丝状虫体，有的肺小叶因支气管管腔堵塞发生局限性肺气肿，部分支气管扩张。

4. 诊断

根据流行病学、临床症状、病理变化和粪便检查综合确诊。粪便检查用硫酸镁漂浮法。只有检出大量虫卵时才能认定。本病应与仔猪肺炎、流感及气喘病相区别，

5. 治疗

可用丙硫咪唑、苯硫咪唑或伊维菌素等药物驱虫。对出现肺炎的猪，应采用抗生素治疗，防止继发感染。

6. 预防

应采取综合性预防措施，保持猪舍和运动场干燥，防止蚯蚓生存繁殖。粪便及时处理，堆积生物热发酵。对流行区的猪只定期驱虫，春秋各进行 1 次。

## 六、猪旋毛虫病

猪旋毛虫病是由旋毛形线虫寄生于猪体内而引起的一种内寄生虫病。成虫寄生在肠道，称为肠旋毛虫；幼虫寄生在肌肉，称为肌旋毛虫。它是一种重要的人畜共患寄生虫病。

1. 病原

成虫寄生于宿主的小肠的微绒毛基部及隐窝腺中，其中，以空肠寄生密度最大。虫体细小，肉眼几乎难以辨认。前端较细，

后端较粗。雄虫长1.4～1.6mm，直径0.04～0.05mm，尾端有泄殖腔，其外侧有1对耳状的交配叶，内有2对小乳突，无交合刺。雌虫较雄虫大，体长3～4mm，直径0.06mm，胎生产幼虫。

幼虫寄生于同一宿主的横纹肌内，多见于肋间肌、膈肌、舌肌和咬肌，称肌旋毛虫。长达1.15mm，在肌纤维膜内形成包囊，虫体在包囊内呈螺旋状卷曲猪旋毛虫的包囊呈椭圆形，虫体机化后可形成白点。

成虫与幼虫寄生于同一宿主。宿主感染时，先为终末宿主，后变为中间宿主。雌雄成虫在肠黏膜内交配，交配后不久，雄虫死亡，雌虫产幼虫。幼虫经肠系膜淋巴结进入胸导管，再到右心，经肺转入体循环，随血流分布到全身，但只有进入横纹肌纤维内的幼虫才能定居和发育。幼虫在活动量较大的肋间肌、膈肌、嚼肌中较多。血液中出现大量幼虫是在感染后第12天，大约到第7到第8周形成包囊。包囊内的虫体呈螺旋状盘绕。充分发育了的幼虫，通常有2.5个盘转，此时幼虫已具有感染性，并有雌雄之别。包囊是由于幼虫的机械性刺激及毒素刺激周围的肌纤维，引起肿胀和肌纤维膜增生而形成的。约6个月后，包囊壁增厚，囊内发生钙化。钙化先从两端开始，以后达于整个囊体。包囊钙化并不意味着囊内幼虫的死亡，只有钙化波及虫体才能死亡，否则，幼虫可长期生存达数年甚至达25年之久。

2. 流行特点

旋毛虫病广泛流行，因为旋毛虫宿主范围广泛，繁殖能力较强，每条雌虫可产1 000～1 500条幼虫，甚至多到10 000条；包囊内的幼虫对不良环境的抵抗力较强，其－12℃可存活57天；－16℃的冷库中冷冻5天其存活率为100%，7天的存活率为17%，盐腌、熏烤只能杀死肉类表层幼虫，深部虫体仍可保持活力达1年之久。猪感染旋毛虫的主要来源是鼠，另外饲喂被污染且未经处理的废肉、泔水等也是猪感染旋毛虫的重要来源。

3. 临床特征与表现

猪对旋毛虫有很大的耐受性，虫体对胃肠影响很小，主要病变在肌肉，如肌细胞的横纹消失，萎缩，肌纤维膜增厚等。人工感染的猪，在感染后的 3 ~ 7 天，见有食欲减退，呕吐和腹泻；感染后 15 天左右，表现肌肉疼痛或麻痹，运动障碍，叫声嘶哑，呼吸、咀嚼及吞咽呈现不同程度的障碍，体温升高和消瘦等症状。有时眼睑和四肢水肿。多于 4 ~ 6 周后康复。

4. 诊断

临床症状无特异性，单靠症状无法确诊。诊断可用肌肉压片法和消化法检查幼虫。此外，也可采用间接血凝试验和酶联免疫吸附试验等免疫学方法，还可以采取皮内变态反应试验、沉淀反应试验和补体结合反应试验等进行诊断。

5. 治疗

针对旋毛虫病，可选用丙硫咪唑、甲苯咪唑等广谱、高效、低毒的驱线虫药物。

6. 预防

加强猪只的饲养管理，加强猪舍的清洁卫生，大力开展灭鼠工作，防止鼠粪污染饲料。严格执行肉品检验制度，加强宣传，提倡熟食，严禁人吃生猪肉，不用生的废肉屑和泔水喂猪，不让猪吃到人粪便。发现可疑病猪应立即隔离治疗。

## 七、猪囊虫病

猪囊虫病即猪囊尾蚴病，是由猪带绦虫（又称有钩绦虫、链状带绦虫）的中绦期幼虫猪囊尾蚴（又称猪囊虫）寄生在猪所引起的肌肉、脑、心、眼等器官中所引起的一种寄生虫病。是一种为害十分严重的人畜共患寄生虫病，是全国重点防治的寄生虫病之一，是肉品卫生检验的重要项目之一。

1. 病原

猪囊尾蚴外观呈椭圆形乳白色半透明囊泡状构造，大小为（6～10）mm×5mm，囊内充满透明液体，囊壁上有一个圆形小高粱米粒大的头节，倒缩囊内，外观似白色石榴籽样，其构造与成虫头节相似，头节上有带有两圈小钩的顶突和4个圆形吸盘。

成虫猪带绦虫，因其头节的顶突上有小钩，故称有钩绦虫，又称链状带绦虫。虫体扁长如带，半透明乳白色，全虫长2～5m，前端细后端渐宽。头节小呈球形，直径约1mm，其上有顶突，顶突上有25～50个小钩呈两行排列。顶突后有4个圆形吸盘。颈节细而短，直径为头节的一半，长5～10mm。体节根据生殖器官发育程度，分为幼节、成节、孕节3个部分。

人是有钩绦虫唯一终末宿主，家猪和野猪是主要的中间宿主，人也可以作为中间宿主。成虫寄生于人的小肠中，虫卵或孕节随着人的粪便排出体外，被中间寄主猪或人等吞食，在消化道中消化液的作用下，虫卵内的六钩蚴逸出，借小钩钻入肠黏膜的血管或淋巴管内，再随血流散布到全身各组织中，但主要是到达横纹肌内发育，先体积增大，后逐渐形成一个充满液体的囊泡体，20天后囊上出现凹陷，2个月后，在凹陷处形成头节，长出明显的吸盘和有钩的顶突，发育为成熟的囊尾蚴，对人具有感染力。这样的猪肉称“米猪肉”、“豆猪肉”或“米糁子猪”。猪囊尾蚴在猪体内可活数年后钙化死亡。

人误食了未熟的或生的含猪囊尾蚴的猪肉后，猪囊尾蚴在人胃肠消化液作用下，囊壁被消化，头节进入小肠，用吸盘和小钩附着在肠壁上，吸取营养并发育生长。48天左右就出现成熟虫卵，50多天或更长时间见孕节（或虫卵）排出。

2. 流行特点

猪囊尾蚴病呈世界性分布，主要是在猪与人之间循环感染。猪囊虫病的感染源是人体内寄生的有钩绦虫排出的虫卵。本病的

发生与流行与猪的饲养管理和人的粪便管理密切相关。在有些地区，猪采用放养方式，因此，呈现人无厕所、猪无圈的现状；还有的地方采取连茅圈，大大增加了猪与人粪接触的机会，因而造成本病流行。人感染猪带绦虫主要与生活习惯有关，主要取决于烹调饮食卫生习惯，有吃生肉习惯的地区则呈地方性流行。此外，肉检制度不严或未建立肉检制度也是造成本病流行的一个重要因素。

3. 临床特征与表现

猪囊尾蚴对猪的危害一般不明显。初期由于六钩蚴在体内移行，引起组织损伤，有一定致病作用。成熟囊尾蚴的致病作用常取决于寄生部位，数量居次要。寄生在肌肉与皮下，一般无明显致病作用。大量寄生的初期，常在一个短时期内引起寄生部位的肌肉发生疼痛、跛行和食欲缺乏等，但不久即消失。幼猪被大量寄生时，可能造成生长迟缓，发育不良。寄生于眼结膜下组织或舌部表层时，可见几声处呈现豆状肿胀。典型重度感染病例常显两肩显著外张，臀部不正常的肥胖宽阔而呈哑铃形体型或狮体状，发音嘶哑和呼吸困难。在肉品检验过程中，常在外观体满腰肥的猪群中发现严重感染的病例。大量寄生于猪脑时，可引起严重的神经症状，突然死亡。寄生于眼内时，引起视力减退、眼神痴呆。

4. 诊断

猪囊尾蚴的生前诊断比较困难。可以检查舌部，当舌部浅表有寄生时，触诊可发现豆状结节。同时，严重感染的猪，由于病猪不同部位的肌肉水肿，体型可能发生变化，表现为两肩增宽，或异常肥胖宽阔，或头部呈大胖脸形，体中部窄细，整个猪体从背面观呈哑铃状或葫芦形，前面看呈狮子头形，声音嘶哑，呼吸困难，睡觉发鼾，这些都可作为生前诊断的依据。

近年来发展起来的血清学免疫诊断法已经被应用于猪囊虫病

的诊断，如酶联免疫吸附试验（ELISA）、间接血球凝集试验（IHA）、皮内试验、免疫电泳等。

5. 治疗

因为猪囊尾蚴病是严重的人兽共患寄生虫病，成虫猪带绦虫和幼虫猪囊尾蚴对人的危害较严重，而且有囊尾蚴的猪肉，常不能食用，造成很大的经济损失，对于这类病应着重预防，而不是治疗，发现病例应及时作无害化处理。

6. 预防

应采取综合性防治措施，大力开展驱除人绦虫，消灭猪囊虫的“驱绦灭囊”的防治工作。

（1）控制传染源。猪带绦虫病人是猪囊尾蚴感染的唯一来源，应对高发人群进行普查，发现人患绦虫病时，及时驱虫，驱虫治疗是切断感染来源的极其重要的措施。加强人粪管理和改变猪的饲养方式，人粪要进行无害化处理。断绝猪和人粪的接触。

（2）加强肉品卫生检验。对屠宰场严格管理，定点屠宰、集中检疫，对有囊尾蚴的猪肉，应做无害化处理，严禁销售。

（3）加强宣传教育。提高人们对猪囊尾蚴病的危害认识，改变不良饮食习惯。

（4）免疫预防。用猪囊尾蚴细胞工程疫苗及基因工程疫苗，对疫区的猪进行免疫预防。

## 第七节　安全用药和药品管理

疫苗和治疗药物是养猪场最为常用的药物，生产上必须注意使用方法和保存措施。在治疗猪病时，如果合理用药，则能充分发挥药物的作用，减少药物对病猪的毒性，迅速有效地控制病情，避免更多的经济损失。反之，则延误病情，降低养殖场（户）的养猪效益。

## 一、疫苗和药品保存与管理

生猪饲养者应供给动物适度的营养，加强饲养管理，采取各种措施以减少应激，增强动物自身的免疫力。生猪疾病以预防为主，应严格按《中华人民共和国动物防疫法》的规定防止生猪发病死亡。必要时进行预防、治疗和诊断疾病所用的兽药必须符合《中华人民共和国兽药典（上)》《中华人民共和国兽药规范》《兽药质量标准》《兽用生物制品质量标准》《进口兽药质量标准》和《饲料药物添加剂使用规范》的相关规定。所用兽药必须来自具有《兽药生产许可证》和产品批准文号的生产企业，或者具有《进口兽药许可证》的供应商。所用兽药的标签应符合《兽药管理条例》的规定。使用兽药时还应遵循以下原则：允许使用消毒防腐剂对饲养环境、服舍和器具进行消毒，但应符合规定。优先使用疫苗预防动物疾病，但应使用符合“兽用生物制品质量标准”要求的疫苗对生猪进行免疫接种。允许使用《中华人民共和国兽药典》二部及《中华人民共和国兽药规范》二部收载的用于生猪的兽用中药材、中药成方制剂。

疫苗管理是否科学合理是决定防疫工作成败的首要环节。如果对疫苗的管理不重视，导致过期或不合格疫苗进入防疫环节，而必然引发免疫失败，给广大养殖户带来经济损失。

1. 实行专人、专账、专库管理

明确职责制定疫苗入库验收及出库登记制度，派专人进行管理。对进出疫苗严格做好台账，记录好出入库时间、数量、疫苗批号、生产日期及失效期。

2. 科学管理疫苗

按不同疫苗的温控保管要求进行分类、分柜保存。疫苗入库上台账后，按不同的保存条件分别放入冰箱、冰柜内，因为疫苗是生物制品，对温度要求很严格。确保灭活苗在 2 ~ 8℃ 条件下储存，不能冻结，一旦冻结就不能使用。冻干苗在 -20 ~ -15℃避光储存。放入冷藏室的灭活苗应于冰箱内壁有 15cm 以上的距离，以免疫苗被冻失效。

3. 设备设施运转正常

定期检查储备设备，保障设备完好并能良性运转。按时测量库温并记录，每周清理过期或因保存不当失效的疫苗，严格控制不合格的疫苗进入免疫环节造成免疫失败。

药品是指用于治疗、预防或诊断动物疾病或者有目的地调节动物生理功能的物质（含饲料添加剂）。动物药品在畜牧业生产中发挥着积极作用，但在实际的动物药品生产与市场流通中还存在着一些问题，如违规生产、滥用、误用等，使一部分畜禽产品的药残超标、产品品质受到影响，从而影响到消费者身体健康，不利于养殖业的健康发展。

加强药品管理，要加强动物药品监督管理加大查处假冒伪劣和违禁动物药品的力度，不定期对动物药品生产企业和经营店进行检查，要对 β-兴奋剂、促生长类激素和安眠镇静类违禁药品从严查处。严防盗用批号，严禁生产和出售假劣兽药制剂。同时，加大对生产和经营假劣兽药的企业和个体的惩罚力度。动物药品经营企业应严格按照国家颁布的有关条例制定严格的保管制度，必须做到专人、专柜（库）、专账、加锁保管。各类药品要严格管理，尽量做到药品质量不受影响，减少药品浪费，防止药品因毒性增加而发生意外。从养殖户管理方面考虑，要改变饲养观念，科学合理地使用动物药品学习和借鉴国内外先进的饲养技术，创造良好的饲养环境，增强动物自身的免疫力，实施综合卫生防疫措施，降低畜禽的发病率。在畜禽生产过程中，以预防为主，以治疗为辅，需要治疗时，应在兽医的指导下用药，严格掌握适用范围，不滥用抗菌药，不使用禁药。在休药期结束前不得将动物屠宰供人食用。同时，充分利用等效、低毒、低残留的制

剂防病治病，减少兽药残留。

## 二、常见药品

允许在临床兽医的指导下使用钙、磷、硒、钾等补充药、微生态制剂、酸碱平衡药、体液补充药、电解质补充药、营养药、血容量补充药、抗贫血药、维生素类药、吸附药、泻药、润滑剂、酸化剂、局部止血药、收敛药和助消化药。慎重使用经农业部批准的拟肾上腺素药、平喘药、抗（拟）胆碱药、肾上腺皮质激素类药和解热镇痛药。禁止使用麻醉药、镇痛药、镇静药、中枢兴奋药、化学保定药及骨髓肌松弛药。抗菌药、抗寄生虫药，其中治疗药应凭兽医处方购买，还应注意以下几点：严遵守规定的用法与用量。休药期应遵守规定的时间。未规定休药期的品种，休药期不应少于 28 天。

1. 抗生素

抗生素是杀灭细菌的化学物质。当抗生素被合理使用时，对被治疗的动物基本没有不利的影响，抗生素的作用方式差异很大。杀菌性抗生素（抗生素）杀死细菌是通过破坏掉细菌的细胞壁或者干扰细菌的正常新陈代谢过程而发挥杀菌作用。抑菌性抗生素阻止细菌的生长和繁殖，使动物体的防御系统更有效地抵抗感染。不同的抗生素可以抵抗不同的细菌。如果一个抗生素药物对一个较大范围的不同种类的细菌都有效，如四环素，它就被称为广谱抗生素。因为青霉素只对相对较少的几种细菌有效，所以，被分类为“窄谱”抗生素。

(1) 青霉素。使用青霉素时，比使用其他种类的抗生素更加普遍地需要过敏反应检验。生产商已经把青霉素和双氢链霉素混合在一起制造了青链霉素，这两种抗生素的混合制剂在使用时对敏感病原菌有协同作用，他们一起的作用比其中任何一个抗生素单独使用时的效果都更好。青链霉素过去被广泛地用于治疗大部分家畜的全身性感染。但是由于青链霉素有 30 天的停药期，因此，养猪生产者现在有更多的选择，而且可以选择更有效的广谱抗生素和停药期更短的价格更低的抗生素，所以，今天青链霉素的使用范围不如以前广泛。

（2）四环素。四环素类抗生素是广谱抗生素，包括金霉素和氧四环素。合格的四环素制品可以口服或注射用。两种四环素经常以预防甚至治疗某些特定传染病的剂量水平，添加到猪的预混料中。当用一些氧四环素的注射用制品肌内注射时，对组织产生刺激作用，大剂量的氧四环素注射到和存留于任何一个部位，都将导致炎症和组织变性坏死。

（3）新霉素。新霉素的抗细菌作用和链霉素相似，一般仅限于口服给药，主要用于治疗肠道感染和哺乳仔猪腹泻。新霉素毒性很大，禁止注射使用，猪新霉素停药期为 14 天。含有新霉素的悬浮液，禁止连续使用 4 天以上。

（4）泰乐菌素。泰乐菌素被用来治疗猪丹毒、肺炎和猪痢疾。肌内注射时，它有某种程度的刺激性，在任何位置注射用药不应该超过 5ml。当在饲料中使用泰乐菌素治疗动物疫病时，停药期至少为 8 天。

（5）磺胺类药。最常用的一般磺胺类药物是氨苯磺胺，可以通过食物或水进行口服。法律规定磺胺二甲嘧啶在没有一个兽医的处方时，不能用在断奶期以后的猪。氨苯磺胺常用来治疗猪肠道传染病和猪细菌性肺炎，磺胺类药物常用的治疗期是 3 ~ 5 天。

（6）三甲氧苯嘧啶。增强的磺胺药物三甲氧苯嘧啶药物加入到磺胺嘧啶中，加强或提高了磺胺嘧啶的作用效力，用这个复合药物，低水平的剂量就可以达到良好的抗微生物作用。增效磺胺是广谱抗生素，有杀菌作用。这个药物只能从兽医的处方中得到。一般的治疗期应当不超过 5 天，增效磺胺的停药期是 10 天。

（7）对药物合理的使用和避免残留的建议。遵照这些推荐措施，以得到最大的药物作用效果和避免肉品中药物残留。

阅读和正确理解药物标签的指导。

在兽医的协助下，制定一个治疗病畜的方案，在方案表上写下合适的停药时间。

把抗生素储藏在冰箱里或其他合适的地方。

确保适宜的剂量和给药方法，“少一点没关系，多一点更好”的药物剂量观点，在对猪使用药物时是不合适的。

要仔细地注意停药时间。

准备好一瓶肾上腺素，对付过敏反应。

保存好所有的用药记录。

治疗的动物对药物的反应如何要记录好，并有清楚的证据。注意这些动物将出售屠宰的日期。

确保对准备上市的猪，不用停药期长的药物进行治疗。

如果你没有做疫病诊断，不能给抗生素。

不能为了期望实现更好的疗效而混合使用药物。

正确处理过期的药物和空药瓶，一些药物也许被定为“有毒物品”，请向兽医咨询（表4－2）。

**表4－2　常用抗生素的停药时间**

| 抗生素名称 | 停药期（天） | 抗生素名称 | 停药期（天） |
|---|---|---|---|
| 青霉素 | 5 | 氧四环素 | 18 |
| 泰乐菌素 | 14 | 青链霉素 | 30 |
| 增效磺胺＊ | 10 | 氧四环素长期使用 | 28 |
| 红霉素 | 7 | 伊维菌素 | 28 |
| 长效青霉素＊ | 14 | | |

注：＊有此符号的只有在兽医的处方中可以使用

2. 驱寄生虫药

抗寄生虫药是用于驱除或杀灭体内外寄生虫的药物。根据药物抗虫作用和寄生虫分类，可将抗寄生虫药分为以下6类。

（1）抗生素类。如伊维菌素、阿维菌素、多拉菌素、埃普利诺菌素、美贝霉素肟、莫西菌素、越霉素A和潮霉素B等。

（2）苯并咪唑类。如噻苯咪唑、阿苯达唑、甲苯咪唑、芬苯咪唑、康苯咪唑、丁苯咪唑、苯双硫脲、丙氧苯咪唑和三氯苯咪唑等。

（3）咪唑并噻唑类。如左咪唑和四咪唑。

（4）四氢嘧啶类。如噻嘧啶、甲噻嘧啶和羟嘧啶。

（5）有机磷化合物。如敌百虫、敌敌畏、哈罗松和蝇毒磷等。

（6）其他驱线虫药。如哌嗪乙胺嗪、硫胂胺钠和碘噻青胺等。

## 三、违禁药品种类

1. 食品动物禁用的兽药及其他化合物清单（表4－3）

**表4－3　食品动物禁用的兽药及其他化合物清单**

| 序号 | 兽药及其他化合物名称 | 禁止用途 | 禁用动物 |
|---|---|---|---|
| 1 | β－兴奋剂类：克仑特罗、沙丁胺醇、西马特罗及其盐、酯及制剂 | 所有用途 | 所有食品动物 |
| 2 | 性激素类：己烯雌酚及其盐、酯及制剂 | 所有用途 | 所有食品动物 |
| 3 | 具有雌激素样作用的物质：玉米赤霉醇、去甲雄三烯醇酮、醋酸甲孕酮及制剂 | 所有用途 | 所有食品动物 |
| 4 | 氯霉素及其盐、酯（包括：琥珀氯霉素）及制剂 | 所有用途 | 所有食品动物 |
| 5 | 氨苯砜及制剂 | 所有用途 | 所有食品动物 |

（续表）

| 序号 | 兽药及其他化合物名称 | 禁止用途 | 禁用动物 |
|---|---|---|---|
| 6 | 硝基呋喃类：呋喃唑酮、呋喃它酮、呋喃苯烯酸钠及制剂 | 所有用途 | 所有食品动物 |
| 7 | 硝基化合物：硝基酚钠、硝呋烯腙及制剂 | 所有用途 | 所有食品动物 |
| 8 | 催眠、镇静类：安眠酮及制剂 | 所有用途 | 所有食品动物 |
| 9 | 林丹（丙体六六六） | 杀虫剂 | 所有食品动物 |
| 10 | 毒杀芬（氯化烯） | 杀虫剂、清塘剂 | 所有食品动物 |
| 11 | 呋喃丹（克百威） | 杀虫剂 | 所有食品动物 |
| 12 | 杀虫脒（克死螨） | 杀虫剂 | 所有食品动物 |
| 13 | 双甲脒 | 杀虫剂 | 水生食品动物 |
| 14 | 酒石酸锑钾 | 杀虫剂 | 所有食品动物 |
| 15 | 锥虫胂胺 | 杀虫剂 | 所有食品动物 |
| 16 | 孔雀石绿 | 抗菌、杀虫剂 | 所有食品动物 |
| 17 | 五氯酚酸钠 | 杀螺剂 | 所有食品动物 |
| 18 | 各种汞制剂包括：氯化亚汞（甘汞），硝酸亚汞、醋酸汞、吡啶基醋酸汞 | 杀虫剂 | 所有食品动物 |
| 19 | 性激素类：甲基睾丸酮、丙酸睾酮、苯丙酸诺龙、苯甲酸雌二醇及其盐、酯及制剂 | 促生长 | 所有食品动物 |
| 20 | 催眠、镇静类：氯丙嗪、地西泮（安定）及其盐、酯及制剂、 | 促生长 | 所有食品动物 |
| 21 | 硝基咪唑类：甲硝唑、地美硝唑及其盐、酯及制剂 | 促生长 | 所有食品动物 |

2. 禁止在饲料和动物饮用水中使用的药物目录

（1）肾上腺素受体激动剂。盐酸克仑特罗、沙丁胺醇、硫酸沙丁胺醇、莱克多巴胺、盐酸多巴胺、西马特罗、硫酸特布他林。

（2）性激素。己烯雌酚、雌二醇、戊酸雌二醇、苯甲酸雌二醇、氯烯雌醚、炔诺醇、炔诺醚、醋酸氯地孕酮、左炔诺孕酮、炔诺酮、绒毛膜促性腺激素、促卵泡生长激素（尿促性素主要含卵泡刺激 FSHT 和黄体生成素 LH）。

（3）蛋白同化激素。碘化酪蛋白、苯丙酸诺龙及苯丙酸诺龙注射液。

（4）精神药品。（盐酸）氯丙嗪、盐酸异丙嗪、安定（地西泮）、苯巴比妥、苯巴比妥钠、巴比妥、异戊巴比妥、异戊巴比妥钠、利血平、艾司唑仑、甲丙氨脂、咪达唑仑、硝西泮、奥沙西泮、匹莫林、三唑仑、唑吡旦及其他国家管制的精神药品。

（5）各种抗生素滤渣。该类物质是抗生素类产品生产过程中产生的工业三废，因含有微量抗生素成分，在饲料和饲养过程中使用后对动物有一定的促生长作用。但对养殖业的危害很大，一是容易引起耐药性；二是由于未做安全性试验，存在各种安全隐患。

## 第八节　隔离制度及病死猪处理

近几年来，由于各种疾病的流行使猪的疾病由过去的单一疾病流行变为多种疾病混合感染流行，给猪场在治疗上带来一定难度。特别在饲养过程中，出现病、弱、残的猪只越来越多。使猪场“全进全出”饲养制度也带来一定困境，体重不足、残次疾病猪只造成不能按期同批转群，往往留在原舍饲养，不仅浪费猪舍使用，也是一个传染源，因此，必须把其调出猪舍，到其他处去饲养才能保证安全。另一方面，由于目前疫病繁多，猪场每年检测猪群 1、2 次，每次都会检出一些阳性猪、可疑猪、病猪，这些猪只也需要调出猪群，处理到隔离场去观察和治疗。调入隔离场的猪只一律不能回原猪场饲养，治好病后，可以在隔离场安

全猪舍继续饲养，母猪可以配种产仔，仔猪养大后可以出卖屠宰。但出售和屠宰猪只必须经兽医检查，确无主要传染病才能处理。病死猪、有传染病的猪只不得宰杀和出卖，必须作无害化处理或深埋。

## 一、隔离方法

隔离是将猪场置于一个相对安全的环境中进行饲养管理，控制在有利于防疫和生产管理的范围内。实现生产区与管理区和生活区隔离、各生产区人员之间的隔离、外来人员隔离、引进猪的隔离、病猪隔离。

1. 严格引种检疫与隔离

引进猪只时，要做好产地疫情调查，种猪场资质调查、信誉调查、健康调查，确保引进的猪只不携带对本场构成威胁的疫病，对运输车辆进行严格消毒。猪只隔离时间在 30 ~ 60 天，最好是 60 天。经检疫合格后，每栏猪再混入 1 头本场的猪，进行风土驯化，使外来猪适应本场的微生物群体，并做好气喘病免疫接种等工作。隔离场采用全进全出制，批次间要严格清洗、消毒、空栏。检疫隔离舍应与猪场有一段距离，并采用全封闭式的管理模式。

2. 人员控制

人员是畜禽疾病传播中最危险、最常见也最难以防范的传播媒介，必须靠严格的制度进行有效控制，患有相关人畜共患传染病的人员，不得从事动物饲养工作。猪场的人员活动应做到：一是尽可能谢绝外来人员进入生产区参观访问，经批准允许进入参观的人员要进行淋浴，更换生产区专用服装、靴帽，并对其姓名及来历等进行登记。二是场内职工统一到食堂就餐，不准外购猪只及其产品，饲养员家中不得养猪。三是生产人员进入生产区，要经过淋浴、更换专用的工作服和鞋帽后才能进入，且每次均对工作服和鞋帽进行消毒。四是外采人员不得进入生产区，应在生活区指定的地点会客和住宿。五是生产区内各生产阶段的人员、用具应固定，工作人员不得随意串舍和混用工具。六是生产区的人工授精和兽医等技术人员不得在场外服务。

3. 发生疫情时的隔离措施

一旦发现病例并确诊为传染病之后，应立即隔离，并对被其污染的场地实施“即时消毒”，防止病原扩散。具有治疗价值的，及时实施合理治疗，否则，予以淘汰扑杀。对扑杀的猪或病死猪严格进行无害化处理。

## 二、病死猪的无害化处理

任何猪场都会遇到病死猪，病死猪常是疫病传播和扩散的重要传染源，不仅会对养猪业带来重大的经济损失，还会严重威胁人畜健康，故应对病死猪进行安全有效的处理。在我们工作过程中，常常遇到不同类型的病死猪，对于它们的处理，不同疫病应该采取不同方法处理。

1. 尸体焚烧法

对确认患猪瘟、口蹄疫、传染性水泡病、猪密螺旋体痢疾、急性猪丹毒等烈性传染病的病死猪，常采用此方法。将患病的猪的尸体、内脏、病变部分投入焚化炉中烧毁炭化。搬运尸体的时候，要用消毒药液浸湿的棉花或破布把死牲的肛门、鼻孔、嘴、耳朵堵塞，防止血水等流在地上。应用封闭车运到烧埋场地。

(1) 化制法。化制处理法即炼制方法，可分土灶炼制、湿炼和干炼 3 种。用土炼油是最简单的炼制方法。炼制时锅内先放 1/3 清水煮沸，在加入用作化制的脂肪和肥膘小块，边搅拌边将浮油撇出，最后剩下渣子，用压榨机压出油渣内油脂。但这种方法不适用患有烈性传染的肉尸。湿炼法：是用湿压机或高压锅进行处理患病动物和废气物的炼制法。炼制时将高压蒸汽通入机内

炼制，用这种方法可以处理烈性传染的肉尸。干炼法：是使用卧式带搅拌器的夹层真空锅。炼制时，将肉尸割成小块，放入锅内，蒸汽通过夹层，使锅内压力增高，升至一定温度，以破坏制物结构，使脂肪液化从肉中析出，同时，也杀灭细菌。湿炼法和干炼法需要有一定设备，在大的肉类联合加工厂多采用。适用对象：炭疽、口蹄疫、猪瘟。

（2）焚毁。将整个尸体或割下的病变部分和内脏投入焚化炉中烧毁炭化。这是毁尸体最彻底的方法。如无焚化炉可挖掘焚尸坑，将尸体倒上柴油，用火焚烧，直到把尸体烧成黑炭为止，并把它埋在坑里。

2. 高温处理

对确认患猪肺疫、猪溶血性链球菌病、猪副伤寒、弓形体病等的病死猪的内脏及其他烈性传染病同猪群以及怀疑被其污染的肉尸和内脏，采用高温处理法。

（1）高温蒸煮法。把尸体切成重量不超过2kg，厚度不超过8cm的肉块，放在密闭的112kpa压的高压锅内蒸煮1.5～2小时即可。

（2）一般煮沸法。将尸体切成重2kg，厚度8cm大小的肉块，放在普通锅内煮沸2～2.5小时。

3. 掩埋法

在较大的动物交易场所，装卸动物较多的车站、码头、屠宰场、养猪场、畜牧场，要有传染病隔离圈和死亡动物掩埋地点。掩埋地点应选择离住宅、道路、河流等较远的地方，地下水位要低，土质干燥。

在一般较小的屠宰场或动物检疫部门可设一定规模的生物热尸体处理坑，利用生物热发酵将病原微生物杀死。此方法操作简单、方便，在实际中常用，但由于消毒不严，病原体杀灭不够彻底，常会留下疫情隐患，如某些芽孢杆菌，几十年后仍有传染性。该方法的具体做法为：根据猪的大小和多少，挖 2m 以上的深坑，在坑里铺上 2 ~ 5cm 厚的石灰石或其他固体消毒剂，将病死猪放入，使之侧卧，并将污染的土层、捆尸绳索一起埋在坑里，然后再铺 2 ~ 5cm 厚的消毒剂，填土夯实即可。适用对象为非烈性传染疫病死亡的猪。

4. 发酵法

该方法是将病死猪尸体抛入尸体坑内，利用生物热的方法将尸体发酵分解，以达到消毒的目的。尸体坑应选在远离住宅、农牧场、草原、水源及道路，设置于僻静的地方。尸坑为圆柱形，深 9 ~ 10cm，直径 3m，坑壁及坑底用不透水的材料制作，坑高出地面约 30cm，坑上有盖，盖上有小的活动门，坑内有气管。如有条件，可在坑上修一小屋，坑内尸体可以堆到距坑口 1. 5m 处。经 3 ~ 5 个月后，尸体完全腐败分解，此时，可以挖出做肥料。注意运输病死猪尸体的用具、车辆、尸体躺过的地方，工作人员的手套、衣物、鞋等均要进行严格的消毒。

# 第五章　小型猪开发与利用

## 第一节　小型猪作为特色食品

我国小型猪种质资源丰富，而且所有品种均为自然形成，具有品种多样、遗传稳定、体型小、性成熟早、肉质好等特点。如贵州小型猪、广西巴马猪、五指山猪、藏猪等具有此特性。其作为优质肉食利用已由来已久。因此，当地人们创造了多方位肉食开发利用方法和深加工产品。

### 一、西藏小型猪

西藏小型猪又名“人参猪”“琵琶猪”“蕨麻猪”等，主要分布在西藏、青海等地海拔3 000～4 000m高原地区，是西藏原始的瘦肉型猪种，属野外牧养类，以天然野生可食性植物及各种野果为主食，是世界上唯一可以放牧的高原型猪。成年猪大都自然生长两年以上，平均体重不足50kg。藏猪的饲养方式主要是放养，长期的放养，藏猪保留了一定的野性，以高原野生植物的茎、叶及果实为主食，天然的饲料构成和独特的高原生活环境，使藏猪形成了瘦肉率高、沉脂力强等特点。藏猪肌间脂肪含量高达8.3%，一般圈养猪肌间脂肪含量3.4%，桐体瘦肉率58.3%（一般圈养猪42%）。藏小型猪较高的肌间脂肪决定了其肉质比普通猪肉的肉质更加细嫩、风味更佳浓郁，因此，藏猪素有“高原之珍”的美誉。早在明朝何宇度所著《益部谈资》中就有盛赞野生藏猪为“小型猪”，“藏小型猪”的名称由此而来。

藏小型猪的品质上有“六个最”。即：肉品中氨基酸含量最高，微量元素最高，脂肪含量最低，猪肠最长，猪皮最薄，鬃毛最长，是西藏地区的传统民族美食。作为西藏特有的一种古老畜种资源，在藏小型猪主要原产地之一的林芝地区，其烹饪方法已被列入当地的非物质文化保护名录，“工布江达错高藏小型猪肉烹饪美食方法”作为“消费习俗类”列入了第二批西藏自治区级及国家级非物质文化遗产保护申报项目。

我国藏区食用藏猪有着悠久历史，但是大多只限于藏族特色的传统烹饪菜肴，如烤全猪等。“喝泉水、吃山珍”长大的藏小型猪正在成为藏族饮食文化的一个品牌，藏小型猪养殖正从百姓庭院向规模化、产业化发展。目前，全国各地如北京、河北、山东、四川、云南等省市均已大力发展藏小型猪的养殖，并开发出了系列藏小型猪产品，如冷鲜肉、熏肉、腊肉、小型肠、罐头、猪肉干、猪肉条等。

## 二、巴马小型猪

巴马小型猪原产于广西巴马瑶族自治县，又叫“冬瓜猪”“芭蕉猪”或“两头乌”，因其骨细皮酥，肉质细嫩，外地人食之甚感鲜小型，逐传名为“小型猪”。巴马小型猪具有体型小、骨细脚矮、皮薄多肉等珍奇特点，其肉清小型甘润，胜似山珍野味，素有山珍果子狸之美称，素有“一家煮肉四邻小型，七里之遥闻其味”之美称而被誉为猪类的“名门贵族”，过去曾是皇室贡品。目前，已列入国家级地方品种遗传资源品种名录。

巴马小型猪肉蛋白质含量高达 21.8%，高于普通猪肉；脂肪量仅占普通猪肉的 18.9% ~28.1%，热量是普通猪肉的 60.9% ~76.1%。钙磷含量和比例几乎与鸡蛋一致；巴马小型猪肉营养全面，富含人体必需的氨基酸和微量元素，其中，谷氨酸

的含量是普通猪肉的226%。更为独特的是，巴马小型猪肉中含有一种丰富的不饱和脂肪酸的特殊物质，可使人体内合成的抗炎物质增多，使血小板形成的血栓素A2减少，起到预防血栓的作用，并能扩张血管，对美容和保健有特殊效果，对预防心血管疾病有独特功效。

巴马小型猪可制成腌肉（又叫酸肉）、烤猪和腊肉等多种不同样式的优质加工食品。烤小型猪已成为烤食中的上品，经酒楼、宾馆加工的烤小型乳猪，每盘售价1 000元左右，一头小型母猪每年获得的纯利非常可观，市场需求量也不断扩大。腊制小型猪是传统的高档美食食品。巴马小型猪的加工产品几乎全是腊制品，采用民族独特传统制作工艺，结合现代科学配方秘制而成，别具民族风味，其以色泽鲜亮，肉质柔嫩，小型醇爽口，荤而不腻，不腥不腻，不滑不膻，鲜嫩芳小型的独特风格，深受美食者喜爱。其保质期一般为12个月。“保持原味，色泽金黄，保质期长”是上等小型猪加工成产品的特点。

## 三、环江小型猪

环江小型猪原称“明伦小型猪”“宜北小型猪”，产于广西环江毛南族自治县东北部的明伦、东兴、龙岩、上朝、驯乐5个乡镇，2000年列入国家畜禽品种保护名录，2003年通过国家原产地地理标志注册认证。其历史悠久，始自明朝。历代当地官府均把小型猪作为贡品来进贡朝廷，民间更为广泛，凡款待贵客、馈赠嘉宾均以小型猪作为最珍贵佳肴和礼品。环江小型猪作为环江毛南族自治县的特产，宴席上的珍馐，以其独特的鲜小型风味而饮誉大江南北，名扬五湖四海。

该猪可圈养也可放养，主食山藤野菜，薯杂豆类，从而保持正宗小型猪的原汁原味。当地人喜欢烤一烤再焖。环江小型猪味道清甜浓小型，百食不厌，对人体健康非常有益，可延年益寿。

环江小型猪含有人体所需的氨基酸 20 种之多，含量均比普通猪多2 倍以上，如谷氨酸含量是普通猪的 8 倍，卵磷脂含量是普通猪的 4 倍多，蛋白质含量 17.82%，为普通猪之首；脂肪含量 4.3%，比普通猪含量少 4 倍多。其个体小巧玲珑，被毛全黑油亮。2 月龄的断乳仔猪体重在 6～8kg 即可制作烤、腊乳猪或白切食用。环江小型猪皮薄骨细，不腥不腻，不滑不膻，肉质鲜嫩芳小型，自古以来深受人们喜爱。

环江小型猪一般6kg 左右宰杀最为理想。烫去毛后，用糯米稻草烧燎至皮呈金黄色。其肉或烧烤或清煮均可。烧制的清脆可口，小型气四溢；白切的鲜嫩可口，清小型飘逸。两者均无腥味，多吃不腻。但佐料不可缺，白切小型猪食用时必须制作一碗配有醋精、马蹄小型、生姜、辣椒、小型蓼、葱白、蒜泥、豆腐乳、饼干粉末、小型油等佐料的盐蘸，使其味更美。

## 四、五指山猪

五指山猪，因其嘴长、体形尖小、行动灵活，又称“老鼠猪”。这种猪走起路来嘴巴贴着地，嘴不离土，从后面看就像五只脚，当地人认为它的嘴也是一只脚，就又称之为“五脚猪”。五指山猪主产于海南省五指山区，是中国著名的小型猪种之一。现主要饲养在中国农业科学院畜牧研究所以及河北、江西、山东等省地，目前，存栏头数约 1 000 余头。五指山猪近交系体型甚小，成年体重小于 40kg。选育的适宜高档肉食开发利用的五指山猪，在较好的饲养条件下成年体重 40～50kg。五指山猪耐粗饲，多以植物秸秆和青草为饲料，消耗精料少，每头每日不超过 0.4kg（成年），抗湿热，病害少，易于饲养管理。成熟早，经济效益高。

五指山猪与小型猪不同之处在于异地饲养仍能保持肉质小型味浓等特点。五指山猪肉质中含有影响肉质风味的多种挥发性化

合物，赖氨酸含量也较高，并富含 3 种必需氨基酸。这种特异性的挥发性化合物的存在，可能与五指山猪肉质及风味特异性有关。五指山猪瘦肉肌纤维细、脂肪颗粒小，皮薄骨细，味道鲜美、营养价值高，瘦肉率达 50% 以上，是加工烤猪的上乘原料。五指山猪的肉质鲜美而深受广大消费者的青睐，做法可烧烤、白切、红烧、火锅，成为海南名菜。2001 年秋待宰活猪市场价格在 40 元/kg 左右，农户养殖利润达 350 元/头左右。

## 五、小耳猪

小耳猪主产于云南西双版纳等地区，也叫版纳小耳猪、僾尼猪、细骨猪、小小型猪等，是本地少数民族（傣、僾尼、基诺、哈尼等民族）由本土野猪驯化而来的纯原生本地品种。小耳猪耐高温潮湿，抗逆性强，肉质优良，是我国著名的地方猪种之一。

小耳猪按体型可分为大、中、小 3 种类型，其具有皮薄骨细、肉质鲜嫩、口感小型糯等特点。瘦肉肌纤维细腻、鲜嫩，色泽润红、油亮，缩水率 3% ~5%；肥肉厚实、白净；鲜肉吃起来鲜、嫩、小型、糯，地道的猪肉小型味。小耳猪不饱和脂肪酸是普通猪肉的 3 倍，胆固醇低（46mg/100g），富含 ω-3 脂肪酸，具有调节人体血脂的功效，肉质细嫩，味鲜而小型，肥而不腻，深受消费者青睐。

小耳猪还有一个最大的特点，就是体型较小，成年公猪体重 40kg 左右，母猪体重 55kg 左右。别看它体型小，却刚好用来做火烧猪。火烧猪是德宏傣族群众喜欢的一道美食。

火烧乳猪是傣族待客的一道上等菜。要选用德宏小耳猪，皮薄、肉质细嫩，最好半年左右的小猪，去内脏，塞入调料后用竹篾缝合，用文火烧烤，烧到焦黄冒油时，边烧边用尖刀将皮刺破，洒上湿稻草灰，再用火烘烤，待散发肉小型时即可切片入席。食时要配傣味蘸水碟。

## 六、荷包猪

荷包猪是东北民猪的一种小型类群，因其体型酷似“荷包”而得名，是自然进化形成的原始地方优良品种，已有300多年的历史，素有北方小型猪之美称，现主要分布于辽西山区一带—建昌县和凌源、喀左、朝阳3县（市）与建昌接壤的地方。

荷包猪肌纤维细密，大理石花纹明显，肉质细嫩，肉味小型浓，口感极佳，特别是烹饪后肉质柔嫩多汁，小型味浓厚，适口性好，这决定了荷包猪的珍贵性和保护价值，是我国宝贵的地方良种资源。1987年荷包猪被农业部列为国家一级保护猪种，并列入《国家畜禽品种资源保护名录》。

## 七、乌金猪

乌金猪（包括柯乐猪、威宁猪、大河猪、凉山猪），产地分布于四川、云南、贵州3省接壤的乌蒙山和小、大凉山地区，包括毕节、巧家、美姑等30多个县。乌金猪体质粗壮结实，头长，嘴筒粗而直，额部多有旋毛，耳中等大小、下垂。体躯较窄，背腰平直，后躯较前躯略高，腿臀较发达，大腿下部皮肤常有皱褶，俗称“穿套裤”，四肢粗壮，蹄质坚实，被毛多为黑色，部分为棕褐色，还有少数猪有“六白”特征。

乌金猪成年公猪平均体重48.2kg，体长94.6cm，胸围83.6cm，体高53.7cm，成年母猪相应为69.5kg、109.7cm、97.0cm、59.9cm。乌金猪适应高寒山地放牧和粗放的饲养管理，体质结实，腿部肌肉发达，肉质佳美，适宜腌制火腿，是著名的“云腿”的原料猪。

## 八、安福米猪

安福米猪原产于江西省安福县的枫田、瓜畲乡等地。该猪外貌体型短小，四肢细矮，小巧玲珑。其头部，尾部为黑色，躯干为白色；头小嘴短，身少皱纹，耳小向外竖立，背略下凹，臀部丰满，体躯前后高低匀称；具有成熟早，耐粗饲，适应性强，生长快，产仔率和屠宰率高等特点。

用安福米猪后腿腌制的安福火腿是全国“三大名腿”之一，安福火腿历史悠久，源于先秦，是先秦祭祀的“火胙”，历为道教圣地的安福武功山，当地百姓将上等的猪蹄胙肉作为敬神供品，祛邪消灾。祭神后的胙肉再加盐腌制即成“火胙”。后来人们又将猪腿腌制成“火腿”，节庆喜日或家有贵客取之为宴。明末清初，已是最盛，清代著名诗人、美食家袁枚对安福火腿留下了“其小型隔户便至，甘鲜异常”的赞词。安福火腿 1915 年选送巴拿马国际博览会展出获得好评，从此享誉海内外。安福火腿富含蛋自质、脂肪、钙、铁及多种氨基酸等营养成分，具有益肾、养胃、生津、壮阳、固骨髓、健足力等功能，连系火腿的绳子烧成灰，也可治金疮出血。

## 九、剑白小型猪

剑白小型猪主要集中在贵州省黔东南州剑河县南加、南寨、磻溪、敏洞、观么 5 个乡镇，当地人俗称之为“萝卜猪”，与从江小型猪同属雷公山的两个相似的小型猪种。剑白小型猪是世界上著名的微型猪，属于国家二级稀有保护动物。

剑白小型猪的饲养多以放牧或半放牧为主，一般早晚饲喂 1 次，生猪平常都到村寨周边深山密林觅食野果、草根，所以，剑白小型猪奔跑能力较强，瘦肉多。其肉质脆嫩、肥而不腻、味道鲜美，以其猪肉特有的小型味、鲜嫩、纯天然、无污染而引起人们的高度关注。清煮则肉质白嫩，肥而不腻，原汁原味，鲜嫩可口；炒之，则色泽澄黄晶亮，清小型扑鼻，尝则细腻润喉。“剑白小型猪”具有小、小型、纯、净的四大特点，具有极高的营养价值和开发价值，是世界著名的微型猪种和加工高档猪肉制品的理想猪种。

苗族的传统吃法是稀饭小型猪。即把小型猪和糯米一起煮，配上当地盛产的高树花椒，放适量盐，煮熟，则把猪肉舀起，切好。再把稀饭舀出，拌上当地盛产的又辣又小型的朝天椒，小型猪肉蘸稀饭，便是一道美食。近年来，人们越来越会享受，出现了以小型猪肉为主料的系列食品，如：烤小型猪、腌小型猪、清炖小型猪、糊米小型猪、红烧小型猪等。小型猪食品以其纯天然、无污染和独特的口感，愈来愈得到人们的喜爱，不仅成为剑河人民菜桌上的佳肴，还成为日常交往的馈赠品。

## 十、从江小型猪

从江小型猪属于我国稀有的优良地方小型猪种，具有体形矮小、肉质小型嫩、皮薄骨细、基因纯合、纯净无污染、早熟、食用无腥味等特点，主产区在贵州从江县西部月亮山的 8 个乡镇。从江小型猪以放牧为主，常年以各种花草、果实为生，为绝对纯净无污染的绿色食品，素有“一家煮肉四邻小型”之美名。

从江小型猪粗蛋白质含量为 87.41%，含 18 种氨基酸，总量为 73%，其中，有助于脑神经健康的谷氨酸占 17.16%，粗脂肪含量为 2.92%。与环江小型猪、剑白小型猪、久仰小型猪相比，从江小型猪肌肉嫩度最高、肌肉脂肪含量最高；不饱和脂肪酸含量最高、肌纤维直径最细、营养价值最好，是老幼皆宜的优质蛋白来源。从江小型猪营养丰富，胆固醇含量低，是制作高档肉食品的优质原料。开发生产的产品有白条小型猪、腊小型猪、小型猪火腿、小型猪小型肠、小型猪腊肉、小型猪肉脯等 10 多个品种。

## 第二节 小型猪作为实验动物

小型猪与普通家猪同属于哺乳纲，偶蹄目，不反刍目，野猪科，猪属动物。猪与人的基因同源性约为95%，而且在解剖学、疾病发生机理等方面存在很大的相似性，在心血管系统、消化系统、生殖系统、老年病学、血液学、营养学、内分泌系统、皮肤、牙科、眼科、放射生物及免疫学研究中常用猪作为实验动物，其在生命科学研究领域的重要地位被人们广为关注，正逐步成为研究人类疾病的实验动物。同时随着动物保护运动的兴起，灵长类、犬、猫等动物在实验研究中受到伦理限制，犬、猴逐渐被猪等肉食性动物所替代。普通猪体型大，饲育费用高，不便于实验操作和术后管理；小型猪体型小，饲料消耗低，操作管理方便，加之小型猪较啮齿类更近似人类，成为更理想的实验动物材料。

西方国家实验用小型猪的培育主要在20世纪50—70年代。小型猪是珍稀猪种，原产地主要在中国和越南，发达国家大多缺乏优质原始的小型猪资源。国外小型猪培育多采用世界各地小体型猪种或野猪进行多品种杂交选育而成，因多品种作亲本，遗传基础不一，加之培育历史短，目前，培育的小型猪体型普遍较大，毛色类型参差不齐，遗传背景及其表型尚待稳定。自第二次世界大战以来，美国、苏联、德国、日本等国家先后已培育出20多个品系或品种，但是应用数量主要集中于几个品种，国际上著名的品种包括德国哥廷根小型猪、尤卡坦小型猪、汉福德小型猪和辛克莱小型猪。

哥廷根小型猪的培育工作起始于1962年，系德国哥廷根大学的斯密特博士用越南的小型猪与明尼苏达霍曼系小型猪杂交而得，后又导入了德国改良系兰德瑞斯。20世纪80年代就畅销到多个国家和地区，研究证实该品系小型猪可在催畸形试验、各种药物代谢、脏器移植、皮肤移植试验等广泛领域中应用，是目前商品化推广最成功的品种。哥廷根小型猪可以作为药理学和毒理学研究中非啮齿类动物模型，在研发新药和常规性研究中选择最适用的非啮齿类动物时，哥廷根小型猪可以与犬和非人灵长类动物一样作为选择的对象，这已得到包括美国食品药品监督管理局在内的世界范围内管理规章的认可。尤卡坦小型猪是原产于墨西哥南部尤卡坦半岛的小型品种，1960 年，美国从墨西哥进口了 25 只，在美国科罗拉多州立大学与美国中部的野猪杂交进行实验动物化培育，目前育成的有白色尤卡坦、灰色尤卡坦和微型尤卡坦品系，着重应用于糖尿病的研究。尤卡坦小型猪被毛稀少或无毛，以性情温顺和易于操作而著名，可提供自发性室间隔缺损模型。汉福德小型猪的培育工作起始于 1958 年，其遗传组成来源于帕卢斯猪、皮特曼—摩尔小型猪和路易斯安那沼泽野猪。汉福德小型猪在皮肤研究、实验外科和心血管系统的研究方面积累了丰富的背景资料。辛克莱小型猪于 1949 年育成，是世界上明确以实验研究为目的而培育的第一个小型猪种群，又称明尼苏达—何麦尔小型猪。辛克莱小型猪由 4 种野猪杂交培育而成，几内亚猪遗传比例占 15%，皮钠森林猪遗传比例占 46%，卡塔利那岛猪遗传比例占 20%，关岛猪遗传比例占 20%。为获得白色被毛，后来又引入了约克夏猪的血缘。辛克莱小型猪的一个家系可自发退行性恶性黑色素瘤，发生率 50% ~60%。

我国对小型猪的研究始于 20 世纪 80 年代初，虽然落后近半个世纪，但是我国小型猪原始资源十分丰富，据不完全统计有 6 ~7 种，这些小型猪大都产于南方一些偏远的山区，具有体型小、性成熟早、近亲繁殖、遗传相对比较稳定、繁殖性能好等优点，即所说的一小、二纯、三净的优势，因而受到了国内外有关研究者的重视。目前应用研究比较集中的实验用小型猪包括版纳微型猪、贵州小型猪、中国农大小型猪、五指山小型猪、广西巴马小型猪、剑白小型猪和西藏小型猪等。

版纳微型猪来源于云南西双版纳的地方小型品种版纳小耳猪，云南农业大学以版纳微型猪为种源，在20世纪70年代末开始近交实验。由于采取了不同于美英等国已采用过的设计方案和一系列重要措施，克服了近交衰退，使早期世代的近交系得以存活继代，分离和重组而纯合的有利或合意基因逐代增加而达到稳定。至1991年，已初步形成2个体型大小不同、基因型各异的近交系－JB系和JS系，2002年，版纳微型猪近交培育进入20世代，在原来形成的两个近交系的5个家系中，进一步分化出具有不同表型和遗传标记的18个亚系，始终处于国际领先地位。中国科学院上海实验动物中心于1995年自原产地引进版纳微型猪，系统地进行了生物学特性研究（国际合作项目），目前，保持有一定规模的核心群。

五指山小型猪原产于海南岛中南部山区，1987年调查仅发现纯种猪10余头，已处于濒灭境地。1988年定点观测后，为保护这一濒灭品种，中国农业科学院畜牧研究所将仅存同窝的2头母猪（后死亡1头）、1头公猪引入北京。1987—1989年，中国农业科学院北京畜牧兽医研究所开始进行近交培育，至2009年，五指山小型猪已近交培育至20世代。目前，已同国内30多个科研院所进行了合作研究，先后将上千头猪用于药学、胚胎学、畜牧兽医学、比较医学和人类异种器官移植等诸多试验应用研究。

中国农业大学小型猪的培育工作起始于20世纪80年代初，是以川黔交界山区的原产小小型猪为亲本，经风土驯化、近交培育、负向选择等手段育成中国农大Ⅰ系小型猪，此后又与北京地方黑猪杂交培育出了耐寒的农大Ⅱ系，与长白猪杂交育成了白色的农大Ⅲ系，该系列小型猪也称为中国农大小型猪。

1982 年贵州贵阳中医学院甘世祥教授从原产地将同窝小型猪 2 头公猪、4 头母猪作为零世代基础群，引入贵阳中医学院进行封闭繁育。20 多年来在省科委、国家科技部的资助下，采用封闭群技术培育方法，对贵州小型猪进行了实验化、标准化研究，从事了生长发育规律、遗传监测、血液生化指标测定、组织解剖、微生物监测、饲料营养制订及医药学中的开发利用研究，并取得重要进展。

广西大学动物科技学院 1987 年从广西巴马县引入地方小型猪，采用闭锁纯繁近交方式进行选育，逐步育成小体型、两头乌毛色整齐、繁殖性能好的小型猪封闭群，1994 年定名为广西巴马小型猪，2008 年其近交培育种群已进入第 10 个世代。

1997 年，贵州大学动物科学学院以剑河乌萝卜猪为基础，育成剑白小型猪Ⅰ系（两头乌）和剑白小型猪Ⅱ系（白色），目前，已封闭培育 8 个世代。2004 年，南方医科大学实验动物中心与深圳光明集团合作，从西藏自治区引进 42 头西藏小型猪在广州开始进行封闭群培育，经过两年的风土驯化，西藏小型猪基本适应了亚热带气候环境，基本保持了生长缓慢、小体型的特点，目前，正在进行实验动物化培育。小型猪和人在解剖学、生理学上有极大的相似性，所以，在心脏机能、动脉硬化、牙科、消化道（胃溃疡）、营养、血液学、内分泌学、放射生物学及免疫学研究中，常用猪做试验动物。猪已成为广泛应用于医学科学研究的重要试验动物，为医学提供了重要而确切的比较医学知识。目前，小型猪在生物学、医学方面的研究常用于以下几个方面。

## 一、皮肤烧伤研究

猪的皮肤在形态学、生理学与药理学上与人非常相似，包括体表毛发的疏密、表皮厚薄、表皮具有的脂肪层、表皮形态学和

增生动力学、烧伤皮肤的体液和代谢变化机制等，所以，猪是进行实验烧伤研究的较理想动物。用于烧伤后创面敷盖，比常用的液状石蜡纱布要好，其愈合速度比后者快一倍（13 天和 25 天），既能减少疼痛和感染，又无排斥现象，血管联合也好。经过 20 多年培育和开发利用，证明我国培育的五指山小型近交系、贵州小型猪、巴马小型猪封闭群以及中国农大小型猪和汉福德小型猪均是用于皮肤烧伤实验研究的理想选择。原解放军 304 医院高维谊等利用五指山等小型猪做皮肤烧伤、创伤、植皮及一些皮肤病理理论研究，取得了良好效果。原成都军区总医院全军普外中心邵洪等用小型猪进行严重烧伤早期肠道营养对代谢的影响及烧伤后病理生理学方面的研究。广东暨南大学生物工程研究所李校坤、广州军区总医院激光整形中心刘春利等利用小型猪在创伤修复和激光整形方面，都取得了重要成果。

## 二、皮肤毒性安全评价研究

皮肤毒性评价是药品、化学品、化妆品和皮肤接触材料（纺织品、医用材料）等健康相关产品安全性评价的重要内容。传统的皮肤毒性采用动物模型进行，在 3R 运动和现代生物技术发展的推动下，采用体外培养的细胞、组织、器官代替整体动物进行皮肤安全性研究逐渐成为一种趋势，目前，已有多种替代试验方法被开发和应用，如皮肤细胞培养模型、离体皮肤模型人工皮肤替代物等。但还没有一种皮肤替代物或体外试验系统证明能代替全部动物试验。

试验动物中，猪皮肤与人体皮肤形态和生理特征更为相似，作为毒性预测更可靠、有效和经济的实验动物，小型猪是皮肤相关产品安全性评价的最佳模型。在药理毒理学和生物医学研究中，可替代非啮齿类动物犬和猴用于皮肤毒性的局部评价和全身系统研究。采用细胞培养或离体皮肤试验系统避免了从一个体系外推到另外一个体系的难题，废除了使用活体动物进行化合物测试，猪皮肤还可使用来自其他与皮肤毒性检测无关的实验废弃材料，而且不需要进行活体实验，减少了犬和猴等昂贵动物的使用，降低了实验成本，符合 3R 原则。

小型猪作为人类疾病模型动物的优越性已被越来越多的认识，但是，目前在实验中的应用量并不是很大，在毒理学研究中也远未取代犬的位置。这是因为比格犬在毒理学研究中有长期应用的历史，而且遗传稳定、背景资料丰富。而小型猪应用还有一定的局限性，例如，试验操作不便；小型猪在试验中远不像比格犬那样配合，在给药、采血等常规操作时，试验者体力消耗较大；反复的经静脉给药困难；皮下脂肪较厚，给解剖、取材带来不便；缺乏实验室诊断的商业试剂盒。其次，虽然相对于普通猪的体型已小了很多，但还是和犬、猴一样属于大动物。因此，目前在毒理学试验中还不能完全代替传统的非啮齿类动物。更重要的是，未来的研究还需证明小型猪是否真的比其他传统的非啮齿类毒理学模型例如犬和短尾猴更好地预测药物对人类产生的副作用。

### 三、异种移植研究中的应用

全球每天有成千上万的新病人加入等待器官移植的行列，仅以美国为例，每年有超过 613 万病人等待移植，但仅有不到 1/3 的人得到移植，器官严重缺乏。我国每年约有 150 万人需要进行器官移植，但每年仅 1 万人左右能够得到移植治疗，异种器官移植是解决器官短缺的有效手段。小型猪在体重、体温、心率、肾脏结构、肾量、尿液体浓缩功能、脏器大小等与人体相似。此外，其携带的人畜共患病很少，小型猪被认为是人类器官移植理想的“捐献者”。一旦人源化基因猪获得成功，其细胞、组织、血液、器官均有着重要的应用价值。

2001年9月和10月，我国旅美学者赖良学博士与美国密苏里大学动物科学中心颇拉泽教授实验室的其他科研人员一道，采用基因敲除技术在先后培育出7只不带“排斥基因”的克隆猪，科学界普遍认为，这是向异种器官移植迈出的关键一步。北京医科大学同仁医院潘自强利用五指山小型猪近交系，开展眼角膜猪—猴异种移植取得了突破性进展，存活时间可达280天以上。2010年中国农业科学院北京畜牧兽医研究所潘登科副研究员领导的科研团队，成功研制出4头敲除α1，3－半乳糖基转移酶单等位基因的近交系五指山小型猪，通过中国农业大学农业生物技术国家重点实验室的分子鉴定。这是我国第一例敲除超急性免疫排斥基因的异种器官移植猪，使我国成为继美国、日本和澳大利亚等少数几个获得成功的国家之一。2014年，中国农业科学院北京畜牧兽医研究所冯书堂研究员主持完成的国际首例小型猪近交系研究，在用于人类疾病模型研究、新药临床前评价、食品安全评价、异种器官移植、疫苗研制等医学领域取得突破性进展，小型猪近交系拓展了人类异种器官移植科研空间，经专家鉴定，该成果在同类研究中居国际领先水平。

目前，用巴马小型猪进行异种移植的可行性已得到证实。广西大学动物科学技术学院黄云等以广西巴马小型猪总RNA为模板，从基因序列层面，应用PCR等技术，得出广西巴马小型猪LAIR-I基因cDNA序列与人类的亲缘关系最近，验证了广西巴马小型猪作为人类器官移植供体的可行性。

## 四、肿瘤研究中的应用

猪肿瘤的自然发生率较高，是肿瘤研究的良好动物模型。美洲辛克莱小型猪，80%于出生前和产后有自发性皮肤黑色素瘤。这种黑色素瘤有典型的皮肤自发性退行性变。有与人黑色素瘤病变和传播方式完全相同的变化。瘤细胞变化和临床表现很像人黑色瘤从良性到恶性的变化过程，是研究人黑色瘤的动物模型。

2013 年，云南农业大学版纳微型猪近交重点实验室魏红江教授和他的研究团队，利用近年新兴的高效基因敲除技术，在猪身上成功敲除了抑制癌症的 P53 基因，首次获得 6 头成活的小型猪肿瘤模型。同时，为了让小型猪更早地发生癌症，在敲除 P53 基因的同时，又转入了 2 个致癌基因，获得了 8 头成活的另一种小型猪肿瘤模型。此次小型猪肿瘤模型的建立，对研究 P53、C-Myc 和 H-Ras 基因的相关功能以及相关癌症的发生和形成机制具有重要意义。

## 五、免疫学研究中的应用

猪的母体抗体通过初乳传递给仔猪，刚出生的仔猪，体液内 γ-球蛋白和其他免疫球蛋白含量极少，但可从母猪的初乳中得到 γ-球蛋白，用剖腹产手术所得的仔猪，在几周内，体内 γ-球蛋白和其他免疫球蛋白仍极少，因此，其血清对抗原的抗体反应非常低。无菌猪体内没有任何抗体，所以，在生活后一经接触抗原，就能产生极好的免疫反应。可利用这些特点进行免疫学研究。

2014 年，中国科学院广州生物医药与健康研究院赖良学博士的研究团队成功利用 TALEN 技术在小型猪中敲除了 RAG 基因，获得了重症联合免疫缺陷小型猪模型。RAG1/2 双等位敲除猪表现出了典型的重症联合免疫缺陷疾病特征，包括胸腺萎缩，脾脏发育不良，淋巴细胞减少，体细胞基因组 V（D）J 重排消失，无成熟的 T、B 细胞。由于小型猪在体型、寿命、生理指标，特别是免疫机制等与人类相近，该研究成功建立的 RAG 敲除的 SCID 小型猪模型有望在生物医药和转化医学中发挥重要作用。

## 六、心血管病研究中的应用

猪的心血管系统解剖、组织结构、生理代谢及病变特点与人尤为相近，是进行心血管系统疾病研究理想的实验动物。小型猪在老年病的冠状动脉病研究中特别有用，其冠状动脉循环在解剖学、血流动力学方面与人类很相似，幼猪和成年猪可以自然发生动脉粥样硬化，其粥变前期可与人相比，猪和人对高胆固醇饮食的反应是一样的。某些品种的老龄猪在以人的残羹剩饭饲喂后能产生动脉、冠状动脉和脑血管粥样硬化病变，与人的特点非常相似。饲料中加入 10% 乳脂即可在两个月左右得到动脉粥样硬化的典型病灶，如加入探针刺伤动脉壁可在 2 ~ 3 周内出现病灶。因此猪可能是研究动脉粥样硬化最好的动物模型。近年来，利用小型猪进行心血管疾病的研究报道逐年增加，山东大学第二医院毕建忠等人采用过大球囊扩张小型猪一侧颈总动脉后高脂饲养的方法成功建立小型猪颈动脉粥样硬化狭窄的动物模型；东南大学附属中大医院蒋益波等人运用经皮腔内冠状动脉成形术球囊封堵猪冠状动脉，成功建立猪急性心肌梗死模型。

## 七、糖尿病研究中的应用

猪是杂食动物，能吸收、消化人类食物，并且食物的代谢，尤其是脂质代谢与人相似，因此，非常适合用于糖尿病的研究。医学研究者用巴马小型猪进行实验研究，已在糖尿病的模型建立、遗传易感性及并发症的防治等方面取得了一定进展。内蒙古医学院第一附属医院内分泌科景国强等利用中国实验用小型猪高脂高糖 6 个月饲养可建立较为理想的 2 型糖尿病小型猪模型；南华大学魏寒松等采用高脂高糖高胆固醇饮食喂养的方法建立广西巴马小型猪糖尿病动物模型；特别是，中国人民解放军军医进修学院裴志勇等用体重 20 ~ 30kg 的广西巴马小小型猪通过冠状动脉内球囊阻塞法成功制备了小型猪 AMI 的模型，该方法克服了早期再灌注治疗策略带来的心肌细胞凋亡、心室重构及心力衰竭以及心脏移植的供体来源有限、费用昂贵、移植排斥反应等问题。

## 八、畸形学和产期生物学等研究中的应用

产期仔猪和幼猪的呼吸系统、泌尿系统和血液系统与新生儿相似。和婴儿一样仔猪也患营养不良症，如蛋白质、铁、铜、维生素缺乏症等，所以，仔猪广泛应用于营养和婴儿食谱研究。由于母猪泌乳期长短适中，一年多胎，每胎多仔，易管理和便于操作，仔猪的胚胎和胃肠道菌丛也很清楚，所以，仔猪成为畸形学、毒理学、免疫学和儿科学极易获得的动物模型。

## 九、口腔学研究中的应用

小型猪的牙齿解剖结构与人类相似，饲喂致龋齿食物可产生与人类一样的龋损，是复制龋齿的良好动物模型。小型猪体积小，口裂大，操作方便，是理想的进行口腔医学研究的实验动物，包括口腔基础医学、牙齿发育规律、植牙、整畸、比较医学、牙颌疾病等。首都医科大学北京口腔医院李玉晶等人进行的小型猪口腔研究，对人类牙齿病治疗具有非常重要的意义。北京市口腔医院、北京医科大学口腔医院、解放军 301 医院口腔科利用我国五指山小型猪、巴马小型猪等对口腔比较医学、牙齿发育规律、口腔正常菌落、牙周炎、龋齿、颌外科及整畸领域进行的研究，处于国内领先水平。

## 十、外科学研究中的应用

由于小型猪体型矮小、体重轻，且其腹壁可安装拉链，拉链对其正常生理功能干扰不大，保留时间可达 40 天以上（猪的颈

静脉插管可保留 26～50 天)，这为科学研究和临床治疗中需反复手术的问题提供了较好的解决办法。第二军医大学汤球等利用巴马小型猪，成功建立了小型猪腹壁拉链模型。

## 十一、中医理论研究方面的应用

小型猪具有体重轻、品种纯、生长慢、生理生化指标与人类相似等优点；作为大型实验动物，实验人员可借助中兽医学的“四诊”方法对其疾病、证候进行研究。这些优势使得小型猪备受中医药研究关注。中国中医研究院针灸研究所张维波通过对小型猪经脉线的组织渗透性与组织液压及针灸作用的研究，使人类经络学研究取得突破进展。该研究成果，对针灸临床有指导意义，具有实践性和较广泛的应用前景。贵阳中医学院利用贵州小型猪进行了心电图、酶类与人类比较研究研究，建立该动物模型正常心电图等比较参数，为其应用可供了科学数据。贵阳中医学院冯麟等通过前腔静脉采血致失血和冰水冷刺激的方法复制了小型猪血虚寒凝血瘀证模型；通过冠状动脉内注射神经肽制成小型猪心络绌急模型；并通过药物刺激、放血、冰袋冷敷等方法在小型猪活体复制了涩脉等脉象模型。北京中医药大学董晓英等人采用硝酸甘油注射液及低分子右旋糖醉耳大静脉给药的方法，以探讨通过药物改变血流动力学影响脉搏的方法，建立了小型猪脉滑变动物模型用于小型猪脉诊研究。

## 十二、其他疾病研究中的应用

猪病毒性胃肠炎可作为婴儿病毒性腹泻模型；猪的霉形体关节炎可作为人的关节炎模型；双白蛋白血症，仅见于人和猪，可作为血友病研究；猪还可作胃肠溃疡、胰腺炎等疾病研究；猪自发性人畜共患病有几十种，可作为其他动物疾病的动物模型。上海医科大学邢泉生利用小型猪进行体外循环影响内源性肺表面活性物质机制的研究；北京铁路总医院房彤报道了 LB-I 对皮肤放射损伤防护作用的实验与临床研究；北京医院王大明报道了中国农大小型猪头颈血管造影影像及在介入神经放射学中的意义。从小型猪骨中提取纯化的猪骨形态发生蛋白，经动物同类异体试验证明，对骨损伤有较为明显的成骨作用，说明小型猪可作为骨质材料研究模型。此外，小型猪可用于遗传性疾病如先天性红细胞病、卟啉病、先天性肌肉痉挛、先天性小眼病、先天性淋巴水肿等，营养代谢病如卟啉病、食物源性肝坏死等疾病的研究。

利用小型猪进行医学科学研究已十分广泛，几乎涉及生命科学的各个学科。小型猪作为实验动物有着无可比拟的优越性，但是目前国内小型猪的试验动物化工作还刚刚起步，还有大量的基础研究工作要做，如遗传、营养、环境、微生物等各项标准的建立，各项生理生化指标的测定，产业化、商品化等问题，有待于我们大家共同研究，共同努力。

## 第三节　小型猪作为伴侣动物

伴侣动物是“宠物”的另一种说法，但仅限于以供玩赏、陪伴之目的而饲养的动物，传统的宠物是指养着用于玩赏、做伴的动物，随着人们生活水平的提高，宠物市场越发兴隆。提起宠物，人们已经不再局限的想到狗、猫等常见动物，越来越多的物种被挖掘，进入宠物领域，包括鸡、鸭、鱼、猪、牛、羊、兔子、乌龟等所有适合人类饲养的动物。

近年来，养宠物的越来越多，种类也越来越全、越来越另类，宠物猪也因此走入人们的生活。小巧、聪明、漂亮的宠物猪称为人们追逐的对象。“迷你猪”的选育起于第二次世界大战后的美、日等国，它们起初被用作实验动物。在常见的哺乳动物中，猪的组织器官构造、生理特性是最接近于人体的，而且用猴、犬等动物做实验太容易引起争议，猪似乎能成为更理想的实验动物。于是半个世纪以来，科学家通过育种手段培育出品质均匀、遗传稳定的实验用小型猪种，小巧的体型使它们便于饲养繁殖和实验操作，例如，皮特曼—摩尔猪、霍梅乐猪、戈廷根猪等。而将迷你猪作为宠物的历史则短得多。例如，越南大肚猪在1980 年最先培育出来的时候不是用来作家庭宠物，而是给动物园培育的种猪。然而迷你猪大受人们欢迎，随后一场围绕这些迷你猪的宠物交易热随之而起。后来一名叫 Keith Connell 的加拿大动物园人员的引进了迷你猪，继而 Keith Leavitt 将迷你猪在 1988 年引进到得克萨斯州，很快变为售价高昂的宠物，是国外饲养最普遍的宠物猪。

我国最早的宠物猪，是从国外引进的品种，有泰国小型猪、日本小型猪，国内的有台湾小型猪，等等。这类猪生长缓慢、个头不大、花色漂亮，但价格也很高，一般一头小猪要价 3 000 ~ 5 000元人民币不等。后来发现，我国具有丰富的小型猪资源，长得也很漂亮，个头也不大，生长也很缓慢，但能做宠物猪的只有巴马小型猪，因为它体型小、花色漂亮。坐落在河北保定的中国小型猪北方养殖基地经过几年的培育，终于培育出中国的小宠物猪，他们采取选矮小品种、淘汰、再选种、再淘汰的办法，在小猪出生后的几天内，加以一些药物控制，让小猪生长更缓慢，现在，他们培育的宠物猪最大能控制在 18kg 内。

目前，国外常见的宠物猪主要有以下几种。

## 一、越南大肚猪

这种小猪可能是今天最流行的品种。它们拥有吸引人的外形和驯服的性格。他们夸张的背部和大肚子（其他动物喂的过饱的标志）是完全正常和健康的。它们平均身高大约 35cm，平均体重大约 23kg。

## 二、胡利亚尼猪（彩绘小猪）

这些小家伙真的很小，平均身高 25 ~ 40cm，体重 6.5 ~ 22.5kg。和大肚猪一样，它们性格温顺，还喜欢玩玩具。

## 三、非洲俾格米或几内亚猪

真正的小猪，这些小猪重 9 ~ 18kg，平均身高 35 ~ 56cm。它们活泼好动、警惕性高并且很聪明。相对于大肚猪来说，非洲俾格米猪背很直。它们喜欢接近它们喜欢的人。

## 四、尤卡坦（墨西哥无毛）猪

这种小猪有小的也有不小的。较大的品种可以长到 90kg 以上，而小的只有平均 22.5 ~ 45kg。它们平均身高 40 ~ 61cm。

## 五、奥斯萨巴岛猪

平均身高 35 ~ 50cm，体重 11 ~ 40kg，它们有梦幻般的气质，可以很好地和人们相处并且非常聪明。这种小猪可以活 25 年，所以，养这种猪可以从自己的孩子很小的时候养到大学毕业。

由于市场上小型猪的品种较杂，因此，它们的个头有比较大的波动，但许多小型猪确实能保证一岁时也只有 5 ~ 10kg。目前流行一种昵称“茶杯猪”的宠物猪，源于英国，是用许多肉用猪杂交出的品种，出生的时候仅重约 255g，甚至可以塞进茶杯。即使是生长速度较为缓慢的“迷你猪”，它们的最终体型也没有广告中宣传的那样可靠。一只大肚猪成年后可能长到约 45 ~ 100kg，而我国的巴马小型猪则能轻达到 35 ~ 45kg。但尽管如此它们仍能被称为迷你猪，因为那只是肉用猪重量的 1/10 ~ 1/5 而已。可见，所谓“迷你”其实是个相对的概念，只是因为它们小时候长得非常小，成年后相对于商品猪也小得多。但是，一些商家会采取其他手段来进行虚假宣传。他们拿出迷你猪们的父母的照片，它们看起来也是那么娇小。其实那是因为迷你猪往往在不到一岁时就被拿来产仔。而性成熟并不意味着体成熟，一只迷你猪停止生长可能需要3~5年甚至更久。在淘宝网上，一些卖家会宣称自己的“小小型猪7个月就能定型（即停止长大），体重最重8~10kg”，那是绝对不可能的，除非天天饿着它们。

那么，如何来辨别家猪和迷你猪呢？以下列出一些区别以供参考。

（1）迷你猪身上的黑色斑块的边缘是黑皮白色，家猪应该是黑色皮毛。

（2）迷你猪的耳朵较小，而且是直立的，而小家猪的耳朵较大，长大后会垂下来。

（3）迷你猪的脸上有明显的皱纹，而小家猪的皱纹并不明显，看起来比较粉蜜。

（4）看小猪的牙齿是个好办法，1.5kg左右的迷你猪牙齿应该大多长齐了，而小家猪那时的牙齿则很少。

# 主要参考文献


艾琴，杨红军，顾宪红. 2007. 五指山猪的泌乳性能及泌乳行为 [J]. 饲料工业，28 (9)：31 – 34.

白挨泉，刘富来. 2007. 猪病防治彩图手册 [M]. 广州：广东科技出版社.

宾石玉，石常友. 2006. 环江小型猪染色体核型的研究 [J]. 湖南畜牧兽医，(2)：7 – 9.

陈丙波，王传广，周建华，等. 2003. 广西巴马小型猪和贵州小型小型猪的 DNA 指纹分析 [J]. 第三军医大学学报，25 (7)：620 – 622.

陈溥言. 2006. 兽医传染病学（第五版） [M]. 北京：中国农业出版社.

陈晓晖，吕学斌，何志平，等. 2009. 藏猪不同生长发育阶段胴体性能与肉质特性研究 [J]. 西南农业学报，22 (2)：470 – 472.

邓丕留，张仲葛，陈效华，等. 1986. 中国猪品种志 [M]. 上海：上海科学技术出版社.

费恩阁，李德昌，丁壮. 2004. 动物疫病学 [M]. 北京：中国农业出版社.

顾宪红，杨红军. 2009a. 小型猪营养需要量研究 (1) 体重、采食量、体组成及营养需要相关资料分析 [J]. 中国比较医学杂志，2：53 – 56，66.

顾宪红，杨红军. 2009b. 小型猪营养需要量研究 (2) 消化

能、赖氨酸及蛋白质需要量的计算方法及其说明［J］. 中国比较医学杂志，2：57－61.

顾宪红，杨红军. 2009c. 小型猪营养需要量研究（2）氨基酸、矿物质和维生素需要量计算方法及其说明［J］. 中国比较医学杂志，2：62－66.

海南省质量技术监察局. 2007. 五指山猪养殖技术规程（DB46／T88）［S］. 海南省地方标准.

蒋平，郭爱珍，邵国青，等. 2009. 兽医全攻略－猪病［M］. 北京：中国农业出版社.

李文刚，甘孟侯. 2002. 猪病诊断与防治［M］. 北京：中国农业大学出版社.

刘洪云，张苏华，丁卫星. 2004. 小型猪科学饲养诀窍［M］. 上海：上海科学技术文献出版社.

卢宗藩. 1992. 家畜及实验动物生理生化参数［M］. 北京：农业出版社.

裴德智，姜文霞，王瑞成. 1994. 小型猪养殖利用技术［M］. 北京：中国人事出版社.

苏振环，丁壮. 2007. 科学养猪指南（第二版）［M］. 北京：金盾出版社.

王楚端，陈明清. 1999. 小型猪生产新技术［M］. 北京：中国农业科学技术出版社.

王春璈. 2004. 猪病诊断与防治原色图谱［M］. 北京：金盾出版社.

王凤来，张曼夫，陈清明，等. 2001. 日粮磷和钙磷比例对小型猪（小型猪）血清、肠、骨碱性磷酸酶及血清钙磷的影响［J］. 动物营养学报，13（1）：36－42.

王建华，李青松，杨凌. 2006. 实用猪病诊疗新技术［M］. 北京：中国农业出版社.

王振来，杨秀女，钟艳玲 . 2005. 无公害农产品高效生产技术丛书 – 生猪 [M]. 北京：中国农业大学出版社 .

魏刚才，王永强 . 2010. 小型猪高效养殖技术一本通 [M]. 北京：化学工业出版社 .

许振英 . 1989. 中国地方猪种种质特性 [M]. 杭州：浙江科学技术出版社 .

宣长和 . 2003. 猪病学（第二版）[M]. 北京：中国农业科学技术出版社 .

杨正德，刘培琼，张启林，等 . 1999. 贵州剑河白小型猪营养需要初探 [J]. 贵州农业科学，27（6）：31 – 33.

张立教，秦鹏春，段英超 . 1984. 猪的解剖组织（第二版）[M]. 北京：科学出版社 .

Barker JSF. 1994. A global protocol for determinsing genetic distance among domestic livestock breeds, proc [J]. 5th WC-GALP, 21: 501 – 508.

Bollen P, Skydsgaard M. 2006. Restricted feeding may induce serous fat atrophy in male Göttingen minipigs [J]. Experimental and Toxicologic Pathology, 57: 347 – 349.

Bollen PJA, Madsen LW, Meyer O, et al. 2005. Growth differences of male and female Göttingen minlpigs during *ad libitum* feeding: a pilot study [J]. Laboratory Animals, 39: 80 – 93.

Nei M, Jajima F, Tateno Y. 1983. Accmacy of estimated phylogenetic trees from molecular date [J]. Journal of Molecular Evdution, 19: 153 – 170.

Nei M. 1972. Genetic distance between populations [J]. Amer Nature, 106: 283 – 293.

Neilan BA, Leigh DA, Rapley E, et al. 1994. Microsatellite,

Genome, Screening; Rapid Non, Denaturing, Non, Isotopic dinucleatide repeat analysis [J]. Biotechniques, 17 (4): 708 -712.

NRC. 1998. Nutrient requirements of swine [M]. National Academy Press, Washington DC, USA.

Seerley RW. 1991. Major feedstuffs used in swine diets [M]. Eds: Miller ER, Ullrey DE, Lewis AJ. Swine nutrition. Boston: Butterworth-Heinemann.

Takezaki M, Nei M. 1996. Genetics distance and reconstruction of phylogebetic trees from microsatellite DNA [J]. Genetics, 14: 389 -399.